Kurt Frischler
Lebendiger Strom

J&V

Kurt Frischler

LEBENDIGER STROM

Die Donaulandschaft – heute

Jugend und Volk Wien München

Jugend und Volk Wien München
ISBN 3-224-1-7611-3 (3-224-1-0585-2) Jugend und Volk Wien

Auf dem Umschlag: Kraftwerk Wallsee – Mitterkirchen:
(Vorne:) Weidenröschen im Augebiet der Donau
(Hinten:) Luftbild, freigegeben vom BM f. LVZL 13 080/176.
Fotos: Robert Weber

 4926-83/1/95
Druck: Wiener Verlag, Himberg bei Wien

Inhalt

Vorwort

Man kann unserem Zeitalter so kritisch und so zweifelnd wie nur denkbar gegenüberstehen – über eines kommt man nicht hinweg: Ohne elektrischen Strom, ja selbst bei einer Verringerung seiner Verfügbarkeit, bricht unsere Zivilisation, unser modernes Leben zusammen. Eine Umkehr zu früheren Zeiten gibt es nicht, sie wäre auch gar nicht wünschenswert. Man muß also Strom erzeugen. Daß die Atomkraftwerke unserer Zeit nicht das geworden sind, was man sich noch vor fünfzehn Jahren erhofft hat, ist hinlänglich bekannt. Daß die Schadstoffe aus den Schornsteinen von Wärmekraftwerken und deren Filterung große Kosten verursachen, beunruhigt in steigendem Maße alle, die umweltbewußt denken. Und das sind mit jedem Jahr mehr Menschen.

Österreich ist in der bevorzugten Lage, riesige ausnutzbare Wasserkräfte zu besitzen. Wer kennt nicht die Staudämme in unseren Alpen? Sie wurden zu Touristenattraktionen, sie bereichern mit ihren grünblauen Bergseen die Landschaft. Auch die Flußkraftwerke erzeugen Strom auf die sauberste Art. Enns, Inn, Drau und Donau werden genutzt, um Milliarden von Kilowattstunden zu erzeugen, und zwar auf rückstandslose und umweltfreundliche Weise. Die bereits in Betrieb befindlichen Donaukraftwerke beweisen es.

Klarerweise müssen unzählige Faktoren beachtet und berücksichtigt werden, ehe man darangeht, einen Kraftwerkbau an der Donau zu beginnen. Sitzungen, Kommissionen, Prüfungen und Tagsatzungen folgen einander, ehe Bauarbeiter mit modernen Maschinen die Arbeiten aufnehmen. Für dreißig Monate – so kurz arbeitet man derzeit an einem Donaukraftwerkbau – müssen Teile von Donauauen in eine Baustelle verwandelt werden, rattern die Maschinen und arbeiten die Bagger. Dann aber, wenn die gewaltigen Turbinen laufen, wenn der letzte Bauarbeiter abgezogen ist, beginnt die Arbeit der Gärtner, der Forstarbeiter, der Fischbesatz-Experten. Dann wird die Natur wieder »zurückgeholt«, damit sie, soweit dies möglich ist, wieder so wird, wie sie vordem war.

Die Bilder in diesem Buch beweisen es. Die Gespräche, die ich mit Dutzenden von Arbeitern und Ingenieuren geführt habe, beweisen es gleichfalls: Man gibt sich alle erdenkliche Mühe und nutzt die Erkenntnisse des Natur- und Landschaftsschutzes, um die Natur wiederherzustellen. Alle auftauchenden Fragen und Probleme werden erörtert und einer Lösung zugeführt.

Wir müssen von der Tatsache ausgehen, daß wir mehr Strom aus dem Inland brauchen. Haben wir das einmal als feststehend und richtig akzeptiert, dann können wir nur eine Folgerung ziehen: Wenn schon neue Kraftwerke, dann solche, die die Umwelt, die Natur schonen. Die Wasserkraftwerke, die Donaukraftwerke haben sich dies zur Verpflichtung gemacht.

Daß darüber hinaus der ungebärdige Strom zu einer modernen, sicheren Wasserstraße wird, daß Tausende Uferbewohner nicht mehr vor dem Hochwasser zittern müssen, daß Hunderttausende in den neu entstehenden Landschaften rund um die Kraftwerke Erholung finden, sind Auswirkungen, die in der öffentlichen Diskussion oft leider zu kurz kommen. Deshalb – um auch diese Aspekte der Öffentlichkeit bewußtzumachen – habe ich dieses Buch geschrieben.

Kurt Frischler

I. Was denken die Österreicher über die Donau?

Jeder weiß, wie man eine Meinungsumfrage macht: Man wählt eine genügend große Zahl von Menschen aus; sagen wir 3500 Personen. Ihnen allen stellt man die gleichen Fragen. Hat man diese Leute nach ganz bestimmten Richtlinien ausgewählt, etwa nach ihrem Beruf, nach ihrem Einkommen, nach ihrem Alter, dann dürfen die Meinungsforscher sagen: »So wie diese 3500 Leute geantwortet haben, so denken auch tausendmal so viele Menschen. Also dreieinhalb Millionen.«

Genau so viele Österreicher, nämlich auch 3,5 Millionen, wohnen beiderseits der Donau, angefangen von Passau bis stromabwärts nach Wolfsthal an der tschechoslowakischen Grenze.

Ungefähr 350 Kilometer durchfließt der breite und mächtige Donaustrom Österreich; für die 3,5 Millionen, die an seinen Ufern leben, für diese Städter und Dörfler, diese Bauern, Handwerker und Arbeiter, ist die Donau ein Teil ihrer Heimat, vielleicht der wesentlichste. Befragt man nur 3500 von ihnen, dann weiß man auch, was sie alle, diese 3,5 Millionen, über die Probleme »ihres« Stromes denken.

Manche von ihnen blicken jahraus, jahrein von ihren Wohnhäusern und Arbeitsstätten auf den Strom. Zehntausende kennen ihn von unzähligen Ausflügen und Wanderungen. Sie haben seine Auen im Frühling erlebt, wenn die Wälder weiß sind von Millionen von Schneeglöckchen, sie kennen ihn im Winter, wenn die Eisschollen dahintreiben; sie haben ihn wild schäumend und bedrohlich gurgelnd erlebt, wenn er Hochwasser führt. Und sie haben an heißen Sommertagen in seinen ruhigen Wassern gebadet.

Kein Zweifel: Die Donau gehört zu ihrem Leben. Was aber erwarten sie für die Zukunft? Wollen sie, daß die Donau ein gewaltiger Verkehrsweg werden soll mit Hunderten Schiffen, die vom Schwarzen Meer bis nach Rotterdam fahren? Wollen sie, daß der Strom noch mehr als bisher Elektrizität für Österreich liefern soll? Soll man aber andererseits nicht jene unverwechselbaren, einmaligen Aulandschaften am Weiterleben erhalten? Dürfte man also beiderseits der Donauufer nichts mehr ändern? Weil die nach Meinung mancher Leute seit ewigen Zeiten unveränderten Landschaften so bleiben sollen, wie sie sind? Stehen hier Fortschritt und Technik gegen Landschaftsschutz?

Wer statt jener 3,5 Millionen Österreicher beiderseits des Stroms nur jene ausgesuchten 3500 Leute befragt, der wird eine klare Antwort bekommen:

Die Leute zwischen Engelhartszell an der bayerischen Grenze und Wolfsthal nahe der »Dreiländerecke« zwischen Österreich, Ungarn und der Tschechoslowakei, die wollen zu mehr als 80 Prozent beides. Vier von fünf Befragten sind davon überzeugt, daß sich moderner Stromausbau und Erhaltung der Landschaft durchaus vereinen lassen.

Es hat sich bei einer solchen Befragung auch herausgestellt, daß der Strom gerade für die jüngeren Menschen eine ideale Erholungs- und Freizeitlandschaft geworden ist; nicht zuletzt durch die sieben Staustufen der großen Donaukraftwerke, von denen später noch öfter die Rede sein wird. Schwimmen, Segeln, Rudersport – alles ist erst jetzt in großem Maßstab möglich geworden und wird in Zukunft noch weiter zunehmen.

Seltsamerweise haben rund drei Viertel der Befragten geglaubt, daß die Donau seit ewigen Zeiten, und vollkommen unbeeinflußt von Menschenhand, dahingeströmt sei; und erst mit dem Baubeginn am ersten Donaukraftwerk Ybbs-Persenbeug – es wurde 1954 begonnen – hätten die ersten Veränderungen der Umwelt des Stromes begonnen. Daß das unrichtig ist, hat viele erstaunt.

Befragt, was sie sich im Zusammenhang mit dem Begriff »Donaustrom« wünschen, sagten 90 Prozent: Sie würden gerne mit einem Donaudampfer von Passau bis ins Schwarze Meer oder wenigstens bis zur Grenze bei Preßburg-Wolfsthal fahren.

Je weiter die Menschen von der Donau entfernt wohnen und leben, je weniger sie also die Landschaft aus persönlichem Augenschein kennen, desto mehr fordern sie seltsamerweise, daß alles unversehrt bleiben müsse. Auf die Frage der Meinungsforscher, ob sie selbst die wiedererstandenen Landschaften rund um die neuen Donaukraftwerke durchwandert und besucht haben, mußten allerdings zwei Drittel zugeben: Sie hätten »lediglich gehört«, daß diese Stromlandschaften sehr gelitten haben.

Grund genug für uns, dieses Argument genau zu untersuchen.

Einige wenige – etwa fünf Prozent – waren in Sorge, daß die Pflanzen- und Tierwelt am Strom allzu großen Veränderungen ausgesetzt sei, weil nun Staustufen das rasche Fließen des Donaustromes »abbremsen«; andere wieder fürchten, daß das Grundwasser in den Orten und auf den Feldern beiderseits des Flusses absinken könne: Es gibt dazu genaue Untersuchungen.

Und schließlich, um die Ängste der Donauufer-Bewohner vollständig aufzuzählen, fürchten manche Bauern, daß sich durch die Wassermassen der neuen Stauseen das Klima ändern könnte. Es wäre möglich, meinen sie, daß die Sommer feuchter und kühler würden, daß der Weinbau und die Obstkulturen dadurch weniger Ertrag bringen könnten. Das sind zweifellos echte Probleme. Aber sie sind von den Fachleuten ernsthaft erforscht worden, und es liegen genaue Untersuchungsergebnisse vor. Das wird alle jene interessieren, die immer wieder hören, wie sehr ihre Bauernwirtschaften vom Ruin bedroht sind.

Auf die Frage, ob die Donaulandschaft ihre Schönheit verloren habe, seit der Strom durch sieben Staustufen fließt, antwortete nur eine kleine Minderheit von drei Prozent mit ja.

Vor allem die Jungen unter den Befragten, und unter ihnen auch viele Burschen und Mädchen, die sich selbst als »Grüne« bezeichnen, finden, daß sich die Kraftwerke »verhältnismäßig gut« in das Landschaftsbild einfügen.

Sehr viele Leute – eher solche, die häufig das Autobahn-Rasthaus bei Ybbs benützen – meinen, die Donaulandschaft könne man sich gar nicht mehr ohne den Kraftwerksdamm und die Brücke beim Schloß Persenbeug mit dem dahinter beginnenden Stau vorstellen.

Eines versteht sich von selbst: Alle Menschen, die direkt am Donauufer wohnen, wünschen einen verstärkten und verbesserten Hochwasserschutz – sie sind also froh darüber, nun durch den Stromausbau vor verheerenden Überschwemmungen, wie sie noch 1954 das Donautal verwüsteten, gerettet zu sein.

Ebenso ist es klar, daß alle, die beruflich auf der Donau fahren, die Matrosen und Schiffer der Donaudampfer, schon jetzt feststellen, daß die Donauschiffahrt nicht nur gefahrloser, sondern auch schneller geworden ist.

Für sie hat die Zukunft schon begonnen, auch wenn der Rhein-Main-Donau-Kanal, diese seit Jahrhunderten ersehnte Verbindung zur Nordsee, noch immer nicht fertiggebaut ist.

Wie gut und mühelos es sich auf der umgewandelten, auf der schönen, neuen Donau fährt, beweist jene »Traumfahrt«, die sich neunzig Prozent der Befragten wünschen: Eine Stromreise von Passau nach Wolfsthal . . .

Besteigen wir also in Passau einen modernen Donaudampfer.

II. Eine »Traumfahrt« von Passau nach Hainburg

Kein Zweifel – Passau ist der richtige Ausgangspunkt für eine Donaufahrt durch Österreich; nicht nur, weil diese uralte Bischofsstadt gleichzeitig auch eine Grenzstadt zu unserer Heimat ist, sondern auch, weil die Donau hier in Passau die gewaltigen Wassermassen des Inn aufnimmt, ihres großen Nebenflusses.

Hellgrau und rasch dahinschießend ergießen sich die aus den österreichischen und Schweizer Alpen kommenden Inn-Wasser in die etwas dunklere Donau. Auf der spitzen Halbinsel zwischen den beiden Flüssen erhebt sich die Passauer Altstadt, steht der große Dom zu St. Stephan, die Bischofskirche, von der aus die »Kolonisation« Österreichs erfolgte. Ihrem heiligen Stephanus haben die Passauer Bischöfe viele neugegründete Kirchen geweiht; auch der Wiener Stephansdom verdankt ihnen seinen Namen.

Viele Menschen, vor allem, wenn sie aus dem Innviertel oder aus Tirol stammen, waren der Meinung, nicht der Inn münde in die Donau, sondern umgekehrt: die viel schmälere Donau sei ein Nebenfluß des Inn, und von Rechts wegen gebühre dem »Tiroler« der weitere Name des Flusses. Die Wasserkundigen aber belehren die Lokalpatrioten eines Besseren. Das Einzugsgebiet der Donau – das ist jenes Gebiet, dem der Abfluß sämtlicher Wässer entstammt – ist bei Passau mit ca. 50000 km² fast doppelt so groß wie das des Inn mit ca. 26000 km². Obwohl der mittlere Abfluß der Donau sogar etwas geringer ist als der des Inn, hat daher die Donau das Recht, den Inn als ihren Nebenfluß zu bezeichnen.

Verheerende Hochwässer haben Passau und seine Umgebung immer wieder verwüstet, zuletzt 1954, als der Wasserstand der Donau sieben Meter über normal betrug und als die Häuser der »Innvorstadt« und der »Ilzvorstadt« (sie liegt am linken Donauufer, wo die kleine Ilz ihr dunkelgraues, fast schwarzes Wasser in die Donau ergießt) bis zum zweiten Stock im Wasser standen.

Damals, vom 9. bis zum 12. Juli 1954, sind – niemand kann

sich diese Zahl vorstellen! – 2,5 Millionen Liter Wasser durch Passau geströmt. Nun ist die Gewalt der Fluten wesentlich eingeschränkt. Der Inn durchläuft, ehe er in die Donau mündet, mehrere Kraftwerke, die zum Teil von Österreich und Bayern gemeinsam betrieben werden, und das nimmt ihm seine Wildheit.

Die Donau aber verdankt diesem großen Nebenfluß, daß man sie nun nicht mehr »Fluß« nennen darf; sie ist ein Strom geworden ...

Der Donauhafen in Passau ist denn auch kein kleiner Flußhafen mehr, sondern ein international wirkender Umschlagplatz. Die roten Fahnen mit dem gelben »Sichel-und-Hammer«-Symbol der vielen sowjetischen Frachter dominieren, daneben gibt es ungarische, rumänische, bulgarische und jugoslawische Dampfer. Natürlich fehlen auch die Österreicher nicht. Die Frachtkähne holen und bringen Erdölprodukte, Erze, Holz und andere Waren, die man als »Massengüter« bezeichnet. Und so ein Schleppzug kann die Ladung einiger hundert Güterwaggons die Donau hinauf und hinunter ziehen. Das lohnt sich. Vor allem dann, wenn die Ware Zeit hat, um ans Ziel zu gelangen: Obst etwa würde einem Schlepper schlecht anstehen. Eisenerz oder Zement, Rundholz oder Rohöl kann sich Zeit lassen.

Unmittelbar nach Passau, sowie man die Innmündung passiert hat, beginnt – zunächst nur am rechten Donauufer – Österreich. Noch 25 Kilometer lang begleitet Bayern am linken Ufer den Strom, erst dann ist auch zur linken Hand Österreich.

Die Donau durchbricht nun in einem wunderschönen, durch grüne Berge und dunkle Felsen zuweilen eingeengten, von vielen Stromkrümmungen belebten Lauf die Granitberge des Mühlviertels.

Früher einmal war dieser Abschnitt des Donautales wegen seiner Untiefen, die man in der uralten, bayerischen Schiffersprache an der Donau »Kachlet« nennt, schwer zu passieren. Stromab ging es ja noch halbwegs; die Steuerleute mußten nur höllisch achtgeben, um ihre hölzernen Kähne nicht an irgendeiner Klippe auffahren zu lassen. Stromauf aber wurde diese oberösterreichisch-bayerische Landschaft zur Qual für die Schiffer und Fuhrleute, für die Menschen und für die – Pferde: Bis zu zwanzig schwere Rösser, speziell für den Zugdienst an der Donau gezüchtet, wurden mit kompliziert ausgelegten Seilen an die Kähne gespannt und unter wüstem Geschrei und mit Peitschengeknall vorwärtsgetrieben. Auf dem schmalen »Treppelweg«, den es ja auch heute noch überall am Donauufer gibt, ging es noch leidlich. Immer wieder aber sperrten Nebenflüsse den Weg. Dann mußten die Pferde die oftmals recht tiefen Bäche und »Lacken« durchwaten. Und schließlich sperrten auch steile Felswände den Treppelweg. Der ging dann am anderen Ufer weiter. Da hieß es: Die Pferde entweder über die Donau schwimmen zu lassen, oder sie auf primitiven Pferde-Flößen ans andere Ufer zu schaffen. Und dort begann wieder der mühevolle Vorgang des Einspannens und -schirrens der vielen Rösser; und weiter ging es mit Gejohle und Geknalle. Es war kein Vergnügen, Roßknecht und Kutscher an der Donau zu sein. Von Wien nach Passau waren sie drei Wochen, manchmal auch fünf, unterwegs.

Heute sieht man es dem Donautal unterhalb von Passau nicht mehr an, wie sehr es einst die Schiffahrt behindert hat. Das Kraftwerk Jochenstein, etwa fünfzehn Kilometer unterhalb Passaus gelegen, staut die Donau so sehr auf, daß die gefährlichen Felsen alle überflutet sind.

Das Kraftwerk Jochenstein ist übrigens eines der schönsten Beispiele für die verbindende, grenzüberschreitende Kraft, die die Donau auszustrahlen vermag. Allen Schwierigkeiten und Verschiedenheiten zum Trotz haben Bayern und Österreich diese Anlage in der ersten Nachkriegszeit errichtet, und noch kein einziges Mal gab es ernsthafte Streitigkeiten.

Die Wasser von Jochenstein machen das Gefälle des Stromes langsamer, sie mäßigen das Tempo, das man von der Donau gewohnt ist. Wer einmal den Rhein gesehen hat, der weiß, wie groß früher einmal der Unterschied zur Donau gewesen ist. Den Rhein kann man, obwohl er keine Kraftwerk-Staustufen aufweist, unschwer stromauf rudern, man kann auf ihm gegen die Strömung segeln.

Man probiere das einmal auf der Donau, etwa in der Wachau! Da bleibt auch einem trainierten Sportler der Atem weg. Und da verlieren, was natürlich wichtiger ist, auch die stromauffahrenden Donauschlepper an Tempo. Geld bedeutet Zeit, das gilt auch für die Stromschiffahrt, die vom geringeren Gefälle profitiert.

Burgen und Ruinen, Klöster und malerische kleine Städte säumen den Strom, der keineswegs rascher fließt, wenn man Jochenstein durch die Schleusen des Kraftwerks passiert hat (über die Schleusen wird später noch zu berichten sein). Das Schiff gerät nämlich schon in den Rückstau des nächsten großen Kraftwerks; es ist am Ausgang dieses engen Waldtales errichtet worden.

Aschach – so heißt die Ortschaft nahe des Begleitdammes, und sie gab auch dem E-Werk den Namen – staut die Donauwasser über eine Strecke von vierzig Kilometern auf, das ist immerhin so weit wie von Wien nach Wiener Neustadt oder von Linz nach Gmunden.

Direkt am Kraftwerk Aschach wird die Donau fünfzehn Meter aufgestaut, aber auch noch vierzig Kilometer weiter stromauf ist das Wasser gebändigt. Man kann zum Beispiel seither die große Schleife bei Schlögl – dort fließt die Donau auf einmal für kurze Zeit entgegengesetzt, von Ost nach West – bei jedem Wasserstand gefahrlos durchfahren. Die meisten Reisenden denken nicht daran, sie wissen nicht, daß hier einstens Stoßgebete zu allen Heiligen die Regel waren.

Überraschend schnell passieren die Schiffe die Schleusen, die sie immerhin auf ein um fünfzehn Meter tieferes Donaubett herunterlassen müssen – und weiter geht die Fahrt.

Zum erstenmal seit Passau begleiten den Strom nun auch weiträumige Auen. Jeder kennt ja diese typische Donaulandschaft: Die lichten Wälder, die urwaldähnlichen Strächerdickichte, dazwischen unzählige Wasserläufe. Frösche, Unken und Kröten sind so zahlreich, daß sie von keinem Wanderer übersehen werden, ebensowenig leider Gottes auch – im Sommer natürlich – die Myriaden von Insekten. Gelsen, Mücken und Fliegen scheinen nichts so sehr zu lieben wie den Auwald. Sie sind wiederum willkommene Beute Tausender Vögel. Enten, Wildgänse und andere, weit seltenere Wasservögel leben an den stillen Stromarmen und Tümpeln, in denen es nicht nur Kaulquappen, sondern auch fünfzig Arten verschiedener Fische gibt . . .

Nichts – höchstens das langsam-majestätische Fließen der Donau – verrät uns, daß wir schon wieder in einer Staustufe dahinfahren. Wird man nicht vom Fachmann ausdrücklich darauf hingewiesen, daß hier, als man das oberhalb von Linz gelegene Donaukraftwerk Ottensheim-Wilhering baute, eine gigantische Baustelle war – man wüßte es nicht. So wie seit Urzeiten dehnen sich am linken Ufer die Auen. Daß es auch bei

Aschach ein »Kachlet«, eine gefährliche Stromschnelle, gegeben hat, ist spätestens seit den siebziger Jahren, seit die Staumauer von Ottensheim-Wilhering den Strom bändigt, vergessen. Und doch sind an diesem »Kachlet« noch vor sechzig Jahren Donaudampfer und Schleppkähne hängengeblieben. Heute, da das aufgestaute Wasser ein paar Meter über dem Felsenriff steht, gibt es keine Gefahr mehr.

Über Eferding nähert man sich der Schleuse von Wilhering-Ottensheim. Wer irgend Zeit hat, sollte sich das Zisterzienser Kloster in Wilhering ansehen. Es gibt in unserem mit Bauwerken reichgeschmückten Heimatland kaum seinesgleichen. Einen »Rausch und Taumel« aus Gold, Rot, Rosa und Grün hat ein Bewunderer von Wilhering die im Rokoko-Stil geschmückte Klosterkirche genannt. Den Oberösterreichern ist Wilhering ein Begriff; es wäre an der Zeit, daß jeder Österreicher einmal die Kirche besichtigt.

Einige Kilometer stromab – und die vom nächsten Kraftwerk Abwinden-Asten (unterhalb von Linz) aufgestaute Donau erreicht Österreichs größtes Industriegebiet, den Raum von Linz. Allein schon die hier auf engem Raum und unmittelbar am Donaustrom angesiedelte Industrie macht es verständlich, daß dieser Fluß so rasch und so gut als nur möglich reguliert werden mußte, damit die Tag und Nacht ein- und auslaufenden Frachter möglichst schnell und sicher den österreichischen Riesenfabriken, der VÖEST (den Vereinigten Österreichischen Eisen- und Stahlwerken) und der chemischen Industrie, die hier angesiedelt sind, dienen können. Sie bringen nicht nur Rohstoffe nach Linz. Sie befördern auch die erzeugten Güter, etwa Rohstahl und Kunstdünger, die Donau hinauf und hinunter.

Ein Schleppzug faßt die Ladung einiger hundert Eisenbahnwaggons, und der Transport ist, gemessen an den Bahnkosten, wesentlich billiger. Nach der Zeit darf man freilich nicht fragen; da ist die Bahn weit voran.

Aber sicher und gefahrlos mußte der Donau-Schiffweg werden, dazu hat sich Österreich schon vor Jahrzehnten verpflichtet. Sicher und gefahrlos: Das bedeutete, den ungebärdigen Alpenfluß Donau in viele Staustufen zwingen, um seine Wildheit zu zähmen. Daß er dabei gleichzeitig Strom erzeugt, nützt ganz Österreich. Nicht zuletzt den gewaltigen Industrieanlagen an der Donau bei Linz.

Man hat die oberösterreichische Landeshauptstadt oftmals als »Linz an der Landstraße« – nach ihrer Hauptverkehrsader – zu verspotten versucht. Die Stadt aber hat sich viel eher, und viel richtiger, ihren Namen »Linz an der Donau« verdient. Denn im Gegensatz zur Bundeshauptstadt Wien fließt die Donau tatsächlich mitten durch das Zentrum der Stadt. Überall, in den alten Gassen der Stadt, auf den schönen Uferpromenaden, in den Industrievororten, ist die Donau nahe, ist der Strom gegenwärtig.

Die Masten der Hochspannungsleitungen führen von den Donaukraftwerken zu den Industrieanlagen und zeigen auch dem Laien, woher die gewaltigen Strommengen kommen, die ein Elektro-Hochofen, eine Kunstdüngerfabrik, ein Aluminiumwerk braucht.

Nur ein Dutzend Kilometer unterhalb von Linz mündet der große Alpenfluß Enns in die Donau. Er ist auf seinem ganzen zur Donau abfallenden Lauf restlos zur Stromerzeugung ausgenützt worden; der erste Wasserlauf Österreichs, der von Staustufe zu Staustufe fließt. Die Naturschützer haben bei diesen Bauvorhaben ein gewichtiges Wort mitzureden gehabt, und so ist etwa das Kraftwerk im berühmten, romantischen »Gesäuse« durchaus nicht landschaftszerstörend errichtet worden. Den Touristen und Wanderern gefällt, ganz im Gegenteil, der Stausee, der sich in Gstatterboden, am Fuß der gewaltigen Gesäuse-Nordwände, bildete, sehr gut. Man erlebt dort, daß sich Landschaftsschutz und Kraftwerkbau gut ergänzen.

Das gleiche gilt übrigens für die beiden stromab von Linz errichteten Donaukraftwerke von Abwinden-Asten und Wallsee-Mitterkirchen. Die weitausgedehnten Aulandschaften der Ebene des sogenannten »Machlandes« verraten dem Laien gar nicht mehr, wo einstens die Donau geströmt ist. So sehr haben Wiederbegrünung, Aufforstung und sorgsame Pflege durch die Donaukraftwerke den ursprünglichen Zustand wiederhergestellt. Der Altarm am rechten Ufer, Teiche und stille, kaum fließende Stromarme ermöglichen Wassersport aller Art; oberhalb des Kraftwerks Wallsee, das auf dem Trockenen errichtet wurde, ehe man den Strom in sein neues Bett und durch die Turbinen leitete, sucht man vergeblich nach dem alten Strombett: Restlos begrünt und verwachsen ist alles, eine Aulandschaft wie auch ringsum, nichts mehr verrät die gewaltigen Erdbewegungen, die hier von 1965 bis 1968 durchgeführt worden sind.

Unterhalb von Wallsee nähert sich der Dampfer dem einst berüchtigten »Strudengau«, einem Durchbruch der Donau durch den Granit des Mühl- und Waldviertels. Der Dichter Adalbert Stifter schildert eine Fahrt durch dieses arge Stromtal:

»Alle sammelten sich nach und nach auf dem Dach des Schiffes. Als man zu der weißen Fläche gekommen war, stimmten die Menschen ein lautes Gebet an. Die Männer, denen die Leitung des Schiffes anvertraut war, spähten sorgsam, arbeiteten emsig und lenkten das Schiff in ein schnelles, tiefes Wasser zwischen dem Inselturme und der weißen Fläche, welche schäumendes, tosendes Wasser über dem Geklippe war ... hinter dem Felsen sah man den Wirbel, der sich in großen Ringen drehte. Die Männer lenkten das Schiff an dem Rande der Wirbel vorbei, dann ruhten sie; blickten nach vorwärts und ließen das Schiff in breiteres, stilleres Wasser hinausgehen. Das Hilfsgebet der Menschen verwandelte sich in ein Dankgebet ...«

Die größte Barriere war das sogenannte »Schwalleck«, eine weit in den Strom vorspringende Felsnase, das einen gefürchteten Strudel (nach dem die ganze Strecke »Strudengau« heißt) erzeugte.

Die große Donauinsel Wörth zwang den Strom in zwei Arme. Über zahlreiche Riffe schoß er stromab. Die Felsen, die man sehen konnte, waren rund, von der Strömung abgeschliffen; deshalb nannte man sie »Kugeln«. Es gab eine »Maisenkugel«, eine »Wolfskugel«; eine, die besonders gefährlich war, hieß das »Roß«. Alte Einwohner von Grein erinnern sich, daß, vor dem Bau des Kraftwerks Ybbs-Persenbeug, Jahr für Jahr Schiffe und ihre Schleppkähne am »Roß« oder an der »Wolfskugel« hängenblieben.

Gerade hier, im Strudengau, haben sich die Menschen seit Jahrhunderten bemüht, die unbarmherzige Donau durch Regulierungsarbeiten sanft und mild zu stimmen. Erst durch den über den Strudengau hinaus an die 34 Kilometer weit reichenden Rückstau des Kraftwerkes Ybbs-Persenbeug hat das Schwalleck, haben die »Kugeln« ihren Schrecken verloren. Der Reiz der ernsten, romantischen Donaulandschaft aber blieb erhalten, und nach wie vor ist das kleine Städtchen Grein ein Juwel am österreichischen Donaulauf.

Der Strudengau vermittelt auch heute noch, obwohl er gefahrlos wurde, ein bißchen von jenem Gruseln, das hier einst jeden Reisenden überfiel. Noch immer steht an der höchsten Erhebung der Insel Wörth ein dunkles, schlichtes Kreuz, noch immer dräuen die Wände der alten Burg Werfenstein zum Strom herunter, und noch immer erinnert im Dorf St. Nikola eine Sammelbüchse an die vielen Tausenden Reisenden und Kaufleute, die gerne ein paar Münzen spendeten – nur, weil sie den Struden glücklich passiert hatten.

Stromab wird die Donau vom jüngsten, eben fertiggebauten Kraftwerk Melk aufgestaut. Die Dörfer an den Ufern wurden in schrecklicher Regelmäßigkeit von verheerenden Hochwassern heimgesucht. Marken an den Häusern zeigen uns, was dieser Strom, der in normalen Zeiten so sanft dahinfließt, zu »leisten« vermag. Mit dem Kraftwerksbau in Melk aber – wir werden noch darauf zurückkommen – konnte der Hochwasserschutz beiderseits der Donauufer verbessert werden.

Das gewaltige Benediktinerstift Melk, weltbekannt und auf Briefmarken und Banknoten immer wieder porträtiert, beherrscht auf Dutzende von Kilometern den Strom. Die Auen zu beiden Seiten der Donau werden nun, da das Kraftwerk Melk fertiggestellt ist, mit Sorgfalt, und ohne an Kosten zu sparen, wiederhergestellt. Nur noch ganz kurze Zeit – und auch die Donauauen rund um Melk sind wieder Erholungs- und Wandergebiet, wie sie es vor dem Einbruch der modernen Bautechnik waren. Neue, stille Donauarme und Teiche werden zum Baden und zum Wassersport einladen, der herrliche Bau des Stifts wird um nichts weniger schön und majestätisch die Landschaft beherrschen, als er es vor dem Kraftwerksbau getan hat.

Bei Melk beginnt die schlösser- und burgenreiche Wachau, das wohl bekannteste Stück des österreichischen Donautals. Kein Kraftwerk-Rückstau hemmt hier den Lauf des Stroms. Rasch und ungewohnt reißend durchfließt er in mehreren kühnen Kurven das Tal, dessen Hänge, seit mehr als 1800 Jahren von Menschenhand gründlich verändert, mit Rebenkulturen bedeckt worden sind. Schloß Schönbühel, die Ruine Aggstein mit ihrem berüchtigten »Rosengärtlein« gleiten vorbei, der »Tausendeimerberg« von Spitz erinnert an den Reichtum dieser gesegneten Landschaft, den Wein.

Hochwassermarken an den Häusern zeigen, wie hoch die Donau 1830, 1878, 1954 gestanden ist. Mit der Zille konnte man zuweilen im ersten Stock der Häuser Hilfe bringen.

Zwischen Rührsdorf und Rossatz, wo die Donau mit einem Knie nach Norden ausweicht, besteht die Absicht, ein Kraftwerk zu errichten. Die Einwände der Ufergemeinden, der Naturschützer und vieler anderer Stellen waren, als die Pläne zur Diskussion gestellt wurden, zahlreich und sehr unterschiedlich. Eine Lösung, die alle befriedigen würde, gibt es noch nicht. So ist der Bau des Kraftwerkes Rührsdorf zunächst aufgeschoben. Es zeigt sich dabei ganz deutlich, daß die Verantwortlichen des Donaukraftwerksbaues sehr wohl auf jedes Argument eingehen und nicht rücksichtslos und blindlings drauflosbauen, ohne die Veränderungen der Landschaft und der Umwelt zu berücksichtigen: Rührsdorf kann und wird noch warten.

Noch einmal macht die Donau ein großes Knie, ehe sie bei Krems die Wachau verläßt. Die Ruine Dürnstein, die alte Raubritterburg der Kuenringer, und die wunderschöne Kirche des Weinbau-Städtchens Dürnstein beherrschen die Landschaft. Die Autoschnellstraße führt durch den zur Donau vorspringenden Felsen in einem Tunnel.

Als vor zwei Jahrzehnten diese Straßenbau-Lösung beschlossen wurde, gab es viele, die dagegen waren. Manche allzu Besorgte sahen schon die ganze Wachau zerstört und den Weinbau nebst Fremdenverkehr darniederliegen. Heute kann man sich eine Durchfahrt durch die engen Gäßchen Dürnsteins gar nicht mehr vorstellen, und alle, auch jene, die damals dagegen waren, sind froh, daß der Tunnel dann doch gebaut worden ist.

Noch ein Knie – und dann fließt die Donau hinaus ins freie, weite Tullner Feld, an dessen westlichem Rand die Stadt Krems liegt. Ihr großer Hafen, ihre Donaulände, ihre modernen Wassersporteinrichtungen haben das Entstehen dem Bau des Kraftwerkes Altenwörth zu verdanken, dessen Rückstau bis Krems reicht.

Es war nicht einfach, in der weiten Ebene des Tullner Feldes einen Wasserstau von vierzehn Metern zu beherrschen, ohne daß weite Teile der Auen überschwemmt wurden. Die Lösung, die man fand (über sie berichten wir später), hat niemandem einen Nachteil gebracht. Das Kraftwerk vermag nahezu zwei Milliarden Kilowattstunden abzugeben, eine Strommenge, die eine Großstadt wie Wien in 118 Tagen verbraucht.

Hat man die Schleusen von Altenwörth passiert, durchquert der Donaudampfer eine breite, ruhige, majestätisch stille Aulandschaft. Die Donau teilt sich seit Jahrmillionen in unzählige kleine und kleinste Arme, läßt nach jedem Hochwasser Tümpel zurück.

Je näher man der Millionenstadt Wien kommt, desto zahlreicher werden die Wochenend- und Badehäuschen der Großstädter. Ihre Behausungen sind meistens auf »Stelzen« errichtet, weil sie fast in jedem Jahr vom Donauhochwasser eingeschlossen werden.

Das neue, jüngste Kraftwerk, das gegenüber der alten Ritterburg Greifenstein, halbwegs zwischen Korneuburg und Stockerau errichtet wird, schafft auch hier, in den Auen zwischen Tulln und Höflein, bessere Aufenthalts- und Badebedingungen.

Im Strom merkt man von dem neuen, gigantischen Kraftwerksbau, der in einer Bauzeit von dreißig Monaten vollendet sein soll (ein imponierendes, auch im Ausland gewürdigtes Tempo), so gut wie nichts: Denn das Kraftwerk Greifenstein wird »im Trockenen« errichtet, ein Vorteil, der gar nicht hoch genug eingeschätzt werden kann.

Und dann biegt die Donau nach Südosten ab, durchbricht die Enge zwischen Bisamberg und Leopoldsberg und erreicht die Bundeshauptstadt.

III. Wien liegt gar nicht an der »blauen Donau«

Wien liegt auch heute noch nicht an der Donau, auch wenn das in zahlreichen Liedern und Walzern behauptet wird. Sein Zentrum liegt bestenfalls am Donaukanal, und dieser Kanal ist einer der vielen Donauarme, die einstmals die Aulandschaft in und um Wien gebildet haben.

Die Wiener Schüler lernen, daß viele Wiener Bezirks-, Straßen- und Gassennamen nach alten Donaulandschaften benannt wurden: Leopold-Au, Brigitten-Au, der Salzgries (»Gries« war ein Landeplatz), die Roßauer Lände, der »Werd« (= Insel) und viele andere.

Die Donau bewirkte zwar das Wachstum und den Reichtum der Stadt Wien seit alters her, sie war aber auch eine ewige Quelle von Unheil. Überschwemmungen vernichteten Jahr für Jahr den Wohlstand Hunderter Bürger; immer wieder, zuletzt 1830, gab es Hunderte Tote. Daß die Sümpfe rund um Wien eine Brutstätte der Malaria-Mücken waren, ist heute schon vergessen. Aber noch 1848 starben viele Menschen an dieser jetzt nur noch in den Tropen wütenden Krankheit.

Die Stadtväter, von Ärzten und Ingenieuren ermutigt, forderten im Jahre 1869 vom Kaiser Franz Joseph, man solle die Donau grundlegend regulieren, sie in ein neues, geradliniges Bett leiten und Wien selbst an einem Seitenarm – dem heutigen Donaukanal – liegen lassen.

Es gab viele Gegenstimmen. Die Tageszeitungen brachten spaltenlang Leserzuschriften: Man befürchtete die Zerstörung der Auen und der Wasserarme, den Verlust der Naturparks und Tierreservate. Wiens Ärzte, allen voran der Chirurg Theodor Billroth und der Anatom und Menschenfreund Hyrtl, forderten dagegen, aus gesundheitlichen Gründen, die Donauregulierung; die Bewohner der Leopoldstadt und des »Weißgärberviertels« im (heutigen) dritten Bezirk forderten, daß man sie und ihr Eigentum vor Hochwasser schützen möge; Kaufleute entwarfen kühne Bilder vom zukünftigen Wohlstand durch zu erwartende vermehrte Donauschiffahrt; und Generäle freuten sich, daß auf dem neuen Wasserweg Soldaten möglichst rasch nach Südosteuropa gebracht werden könnten. Kurz: Die Befürworter waren in der Überzahl.

Übrigens kümmerte sich die kaiserliche Regierung damals keineswegs um das, was die einzelnen Bürger sagten. Man ließ sich beraten und entschied.

Zehntausende Hilfsarbeiter, zumeist Italiener und Slowaken, Magyaren und Tschechen, wurden herbeigeholt. Mit kleinen zweirädrigen Wägelchen, aus dem Englischen »Cab« genannt, beförderten sie das Erdreich. Es gab keine Maschinen. Alles wurde mit Schaufeln, »händisch« sagt man da wohl, auf- und abgeladen.

Sieben Jahre, bis zum 30. Mai 1875, dauerte es, ehe der Strom in sein neues, sanftgeschwungenes, von einem großen Damm gegen Floridsdorf am linken Ufer abgesichertes Bett geleitet werden konnte. Eine weite, breite Wiese, das »Überschwemmungsgebiet«, gab Platz für die Hochwasser und wurde ein Paradies für spielende Kinder und Ausflügler.

Ein großer Arm der einstigen Donau blieb als stehendes Gewässer erhalten und wurde »Alte Donau« getauft. Sie gibt es noch heute, und Wiens schönste Strandbäder säumen sie.

Seither liegt Wiens Stadtzentrum am Donaukanal, einem schmalen, in gesicherten Ufern fließenden Arm, der noch dazu bei Nußdorf von einem Wehr gesperrt werden kann. Von den alten Donauauen blieben der Prater und der Augarten erhalten und, weiter südlich, die weit ausgedehnte urwaldähnliche Lobau.

Erfreulichstes Ergebnis der Donauregulierung: Besonders starke Hochwässer können zwar noch Kellerräume und einige wenige tiefgelegene Häuser überfluten, große Schäden aber gibt es, vor allem am linken, am Floridsdorfer Ufer, nicht mehr. Und die großen Seuchen – Typhus und Malaria, beide von der Donau begünstigt – sind so gut wie unbekannt in Wien.

Nahezu hundert Jahre genügte die Donauregulierung den Anforderungen der modernen Donauschiffahrt. Erst als neue und ehrgeizige Projekte entwickelt wurden, um die Donau mit der Nord- und Ostsee zu verbinden, wurde die Frage aktuell, wie man den Wasserstand des Stromes gleichmäßig halten könne, damit nicht, wie das so oft geschehen muß, bei Hochwasser der Schiffsverkehr zum Erliegen kommt.

In den sechziger Jahren wurde der Beschluß gefaßt, auf dem Überschwemmungsgebiet eine neue, eine »zweite« Donau zu graben. Die zwischen dem Strom und dieser »Neuen Donau« stehenbleibende Landfläche – »Donauinsel« genannt – soll nach dem Willen der Stadtväter zu einer an die zwanzig Kilometer langen, baumbepflanzten, begrünten Erholungslandschaft werden, ohne Autos, nur vom Wasser umspült.

Natürlich gab es Widerspruch. Sogar einige namhafte Architekten verspotteten das Projekt. Man ließ Karikaturen zeichnen, die die neue Donauinsel als einen Alptraum mit Gasometern, »Donautürmen« und Fabriken nebst Silos zeigten. Heute, da man die ersten Erfolge der Begrünung und Bepflanzung der Donauinsel bereits zu sehen beginnt, da Tag für Tag Tausende Wiener kommen, um hier radzufahren, zu joggen, zu segeln und zu rudern, Wasserski zu fahren und Fußball zu spielen, verstummen die Kritiker. Ein vernünftiges Projekt hat sich durchgesetzt.

Am alten, am großen Strom liegt Wiens Hafen, Umschlagplatz für die Südoststaaten Europas. Rund um die Anlegeplätze hat sich ein seltsames neues Viertel entwickelt, mit Geschäftslokalen, die gar nichts Heimisches an sich haben, in denen alle Sprachen des Südostens gesprochen, alle ausländischen Währungen getauscht werden.

Jahr für Jahr wächst der Güterumtausch der Donauschiffahrt, Jahr für Jahr gewinnt auch der Wiener Hafen an Bedeutung, wird die Bundeshauptstadt ihrer Rolle als Kreuzungspunkt europäischer Verkehrswege gerechter. Gleich einem riesigen Donaudampfer aus Stahl, Glas und Beton erhebt sich die neue Generaldirektion der Donaudampfschiffahrtsgesellschaft, kurz DDSG genannt, am Ufer, ein originelles Wahrzeichen der Schiffahrt und ihres großen Hafens Wien.

Übrigens wird auch im Stadtbereich Wiens in einigen Jahren ein Donaukraftwerk errichtet werden. Weshalb es unbedingt notwendig ist, eine Staustufe an den auslaufenden Stau des »Oberliegers« zu reihen, dafür haben die Ingenieure triftige Gründe. Wir werden sie noch kennenlernen.

Weit ausgedehnte Auen begleiten den Strom, der nun der nahen tschechoslowakischen Grenze zufließt. An halbwegs klaren Tagen sieht man ganz deutlich die Grenzberge und das wuchtige Schloß von Bratislava-Preßburg.

Düsenjets vom nahen Flughafen Schwechat überfliegen dröhnend den Strom, Öltanklager und Raffinerien tragen nicht eben zur Luftverbesserung bei. Die Donau, von keiner Kraftwerksstaustufe gehemmt, zeigt sich auf diesem letzten österreichischen Stück ihres Laufes wieder als die Alte. Rasch, mit vielen Wirbeln und Untiefen zieht sie dahin. An den Ufern erinnern Marterln und Kreuze an die vielen Schwimmer und Sportler, die in einen dieser Wirbel gerieten und ertranken.

Irgendwo nächst dem Städtchen Hainburg, wenige Kilometer von der Grenze entfernt, soll, sobald der Bau des Werks Greifenstein vollendet ist, mit der Errichtung der nächsten Staustufe begonnen werden. Um die Frage, wie und wo sie errichtet werden soll, wird von den Fachleuten durchwegs sachlich, von einigen Gruppen Mißvergnügter aber auch ungerecht und unsachlich debattiert.

Mehrere Lösungen werden angeboten. Sie stimmen in einem Punkt überein: Die urtümliche Aulandschaft soll weitestgehend erhalten bleiben bzw. nach dem Kraftwerksbau wiederhergestellt werden. Da die Fachleute bei ihren Planungen übervorsichtig und gewissenhaft vorgehen, um keine nicht wieder gutzumachenden Schäden zu verursachen, werden die Menschen am Strom mit der endgültigen Lösung sicher einverstanden sein können.

Das Schlagwort, daß der Mensch nichts an der Landschaft verändern dürfe, ist in seinem innersten Kern gewiß richtig. Aber gerade die Landschaft an der Donau beweist, daß der Mensch seit zweitausend Jahren, und ohne Unterbrechung, an der Veränderung der Ufer gearbeitet und gewerkt hat. Die Umwelt des Menschen war niemals so friedlich und verschwenderisch, daß die Bewohner der Donauufer nicht hätten trachten müssen, sie zu verbessern.

Das hat wohl schon unter den Römern begonnen, als die Kolonisten darangingen, die Wälder der Uferberge umzuhauen, um die aus Italien mitgebrachten Reben auf winzig kleinen Terrassen anzupflanzen. Nicht auszudenken, wie viele Bäume damals an beiden Donauufern gefällt wurden. Sicherlich hat sich danach auch das Klima geändert – Bäume und Wälder machen die Luft feucht.

Auch den Felsen im Strom rückte man seit dem Mittelalter immer wieder zu Leibe. Ehe es Schießpulver gab, setzte man Dutzende Knechte ein, die mit der Spitzhacke, bis zu den Hüften im Donauwasser stehend, auf die tückischen Unterwasser-

Zacken loshämmerten. Besonders das Schwalleck im Strudengau war immer wieder das Ziel von Verbesserungsversuchen.

Kaiserin Maria Theresia beauftragte erstmals 1743, wenige Jahre nach ihrer Thronbesteigung, den großen Barockbaumeister Johann Lukas von Hildebrandt (er hat u. a. das Schloß Belvedere in Wien erbaut), das Schwalleck abzusprengen: »Wenn einer Paläste bauen kann, dann versteht er auch etwas vom Absprengen«, soll die Kaiserin gesagt haben.

Aber Hildebrandt verstand sich offensichtlich besser aufs Plästebauen. Er brachte nichts Nennenswertes zuwege. Erst 1777 nahm Maria Theresia wieder den Gedanken auf, das Schwalleck abzusprengen: »Die guttätigste Monarchin geruhte allergnädigst, sich mit wirksamem Eifer auf eine ernstliche Abhilfe dieses der Schiffahrt so nachteiligen Anstosses zu verwenden«, heißt es in einem zeitgenössischen Bericht. Man ging die Sache höchst kompliziert an. Erst ließ man riesige Eisenringe in die Felsen ein, sie sollten Schiffe und Plätten, auf denen die Arbeiter und Sprengmeister standen, festhalten. Danach wurden handgetriebene Unterwasserbohrer herbeigeschafft und Bohrlöcher in die Felsen gebohrt, die mühevoll mit Spezialpulver gefüllt und gesprengt wurden. Die Pulverladungen gingen häufig nicht los. Es wurden auch nur ganz kleine Granitbrocken abgesprengt, und immer wieder verletzten sich bei diesen Arbeiten die Knechte, zuweilen sogar lebensgefährlich. Da beschloß die »guttätigste Monarchin«, die Arbeiten sein zu lassen.

Rund hundert Jahre später, von 1852 bis 1856, als nur noch Dampfschiffe die Donau befuhren, ordnete die Regierung Kaiser Franz Josephs großzügige Regulierungen an. Freilich – bei Niedrigwasser blieb die Strecke nach wie vor gefährlich.

Erst der Rückstau des Kraftwerkes Ybbs-Persenbeug hat, wie gesagt, dem Schwalleck den letzten Schrecken genommen. Nicht zuletzt, weil man ein letztes störendes Stück abgesprengt hat. Das hat damals, vor etwa 25 Jahren, heiße Diskussionen ausgelöst. Man sprach von »Landschaftszerstörung«. Der Kaiserin Maria Theresia konnte man sie nicht mehr vorwerfen.

Heute denkt kein Mensch mehr an diese Debatten. Es ist ja längst klar, daß das Donautal ober- und unterhalb des Schwallecks schön und romantisch geblieben ist, wie es war. Und daß die Schiffe nun gefahrlos stromauf, stromab fahren können – wen sollte das stören?

Nicht jeder Eingriff, nicht jeder technische Vorgang stört oder zerstört die Natur. Das Beispiel der Donaukraftwerke zeigt: Technische Großleistungen, sofern sie gut durchdacht, verantwortungsbewußt geplant sind, und eine gesunde unversehrte Umwelt garantieren, sind vereinbar.

IV. Vor Baubeginn: die Wasserrechtsverhandlung

Da ist unlängst in der Zeitung gestanden, es sei beschlossen worden, ein neues Kraftwerk zu bauen. »Hier wird es gebaut – und damit basta!« – so hatten, meldete die Zeitung, die Verantwortlichen gesagt. Der Schreiber meinte wohl, daß »die da oben«, die »Großkopferten«, keinen Menschen fragen, wenn sie einen Kraftwerksneubau beschließen.

Der Schreiber hat sich nicht informiert. Er hat keine Ahnung, wie kompliziert es ist, den Bau eines Donaukraftwerks »durchzubringen«: Wer da alles gefragt werden muß . . .

Vor uns liegen vier dicke Aktenbände, insgesamt mehr als 500 Seiten. »Donaukraftwerk Melk. Verhandlungsschrift über die Wasserrechtsverhandlung. Baulos Klein-Pöchlarn«, steht auf dem einen dicken Aktenband. Einen ähnlich starken gibt es über die Verhandlung in Melk. Wie ein richtiges Buch haben die Bände Inhaltsverzeichnisse, damit man sich überhaupt zurechtfindet.

Und es geht in diesen Büchern ausschließlich um Probleme, die mit der Errichtung des Kraftwerks eintreten können. Da wird jeder einzelne angehört, und seine Einwände werden fein säuberlich notiert. Und danach entscheiden Fachleute in den Landesregierungen darüber, wie die Ingenieure das Kraftwerk bauen müssen, damit niemand geschädigt wird, weder ein einzelner, noch ganze Landschaften.

Schauen wir uns einmal die Liste der Eingeladenen an. Da sind einmal acht Vertreter des Land- und Forstwirtschaftsministeriums. Unter ihnen ein Universitätsprofessor, die übrigen sind durchwegs Sachverständige für Spezialgebiete – für Forstwirtschaft etwa, für Fischerei, für Wasserbau. Vertreter dreier weiterer Ministerien unterstützten die Land- und Forstwirte.

Das Bundesstrombauamt entsendet ein Vier-Mann-Team. Das Amt für Schiffahrt zwei. Die Niederösterreichische Landesregierung zwölf, darunter Förster, Wildbestand-Fachleute und Brunnenexperten.

Drei Bürgermeister mit Gemeinderäten vertreten die Interessen der am linken Stromufer liegenden, vom Kraftwerkbau berührten Orte.

Von der Bundesanstalt für Wassergüte kommen zwei strenge Experten, ebenso von der Bundesanstalt für Kulturtechnik und Bodenwasser-Haushalt. Die diversen Kammern entsenden Vertreter, der Fischereirevierausschuß sorgt sich um die Fischbestände, die Bundesforste um den Waldbestand und die Straßenbau-Leute um die Frage, ob durch den Wasseraufstau nicht etwa Straßen überschwemmt werden.

Schließlich aber – und das ist genauso wichtig wie der Massenauftrieb der Beamten und Experten – sind 42 Grundeigentümer oder »Wassernutzungsberechtigte« geladen, durchwegs Bauern und Grundbesitzer, deren Eigentum möglicherweise durch den Werksbau gefährdet oder beschädigt werden könnte.

Sie alle können, ja sie sollen sich zu dem vom Verhandlungsleiter (einem hohen Beamten) vorgestellten Projekt äußern. Und das tun dann, in der Diskussion, auch sehr viele.

Der Bürgermeister von Klein-Pöchlarn sagt, daß das Hauptproblem für seine Gemeinde der Bau einer neuen Wasserleitung sei, ebenso müsse man eine neue Kanalisationsanlage bauen; auch sei für eine neue Rollfähre zu sorgen.

Es ergibt sich in der Diskussion, daß der schöne Sportplatz von Klein-Pöchlarn vom Rückstau überflutet werden wird und daß die Gemeinde die Errichtung einer neuen Anlage fordert.

Die Feuerwehrleute des Ortes verlangen, daß die Wasserentnahmestellen im Ort gewährleistet bleiben müssen. Der Vertreter der Stadt Pöchlarn – sie liegt der Gemeinde Klein-Pöchlarn gegenüber, am rechten Donauufer – meldet sich und sagt, auch seine Stadt sei am Problem der Rollfähre interessiert. Der Vertreter der Handelskammer fordert, daß bei den Gaststätten für genügend Parkraum gesorgt werden müsse – die derzeitigen Parkplätze werden unter den Fluten verschwinden.

Eine lange fachliche Debatte entspinnt sich um die Frage der Abwasserbeseitigung des Orts Klein-Pöchlarn. Es muß, so fordert die Niederösterreichische Landesregierung, eine einwandfrei funktionierende Kanalisation gebaut werden.

Der Fischereirevierausschuß bringt vor: »Neu entstehende Gerinne und Veränderungen der bestehenden Altwässer und Altarme haben den natürlichen Verhältnissen entsprechend zu erfolgen, insbesondere sind die Richtlinien des ›naturnahen Wasserbaus‹ einzuhalten. Konkrete Bauvorhaben sind so zu treffen, daß Fischereiberechtigte beim Fischen nicht behindert werden ... da erfahrungsgemäß die Jungfische bei Baumaßnahmen nicht gerettet werden können, sind entsprechende Ersatzmaßnahmen für den Ausfall dieser Fisch-Jahrgänge zu treffen. Der Schaden muß durch einen Sachverständigen festgestellt werden, nach Beendigung der Bautätigkeit müssen entsprechende Fisch-Besatzmaßnahmen im Hauptfluß und in den Ausständen durchgeführt werden ...«

Der Motorbootsportverband weist darauf hin, daß die Anlegestelle in Klein-Pöchlarn, da sie nicht mehr benützbar sein wird, an einen neuen Ort verlegt werden muß.

Gutachten über Wassergüte und den Bodenwasserhaushalt folgen (von diesen Problemen wird später die Rede sein). Danach kommen die Techniker zu Wort, die die Festigkeit und Güte der Dämme erläutern.

Und natürlich ist das Gutachten des forsttechnischen Amtssachverständigen von größter Bedeutung: Es heißt ja immer wieder bei den Gegnern der Donaukraftwerksbauten, daß hier bedenkenlos »Raubbau am Wald« betrieben werde.

Am 1. März 1979, also wenige Wochen nach der »Wasserrechtsverhandlung«, erläßt das Bundesministerium für Land- und Forstwirtschaft einen Bescheid, der den Titel »Wasserrechtliche Bewilligung« trägt. Auf 54 engbedruckten Seiten und in 222 Punkten wird all das fein säuberlich aufgezählt, was getan werden muß, damit das neue Kraftwerk niemanden schädigt und niemandes Eigentum verletzt.

Allein zum Kapitel »Waldschädigung« und »Wiederaufforstung« gibt es neun ausführliche Anweisungen (die Punkte 129 bis 137). So etwa Punkt 129: »Die Rodung ist ausschließlich zum Zwecke der Errichtung und des Betriebes des Kraftwerkes Melk zulässig. Sie ist auf ein unumgängliches Ausmaß zu beschränken. Alle Waldflächen sind, soferne sie nicht für den Kraftwerksbau erforderlich sind, wieder zu bewalden. Ist das nicht möglich, sind soweit als möglich geeignete Ersatzaufforstungen durchzuführen.«

Die Behörde schreibt sogar vor, wie der Boden beschaffen sein muß und welches Erdreich dort zu verwenden ist, wo man neue Bäume setzen muß. Sie verbietet auch das Ablagern von Baumaterial und Bauschutt in den Auen; sie fordert, daß der Grundwasserpegel erhalten bleiben muß, und schreibt vor, wie und wann die Bäume zu fällen sind. Es kann keinen Zweifel geben: Die Behörden machen es den Kraftwerkbauern nicht leicht, wenn es um Waldbestand und Naturschutz geht.

Das ist beruhigend, und das gibt die Gewähr, daß nach den unruhevollen Monaten des Kraftwerksbaues Auen und Wälder wieder in jenen natürlichen Ruhezustand versetzt werden, der erstrebenswert ist.

Im Punkt 138 der »Wasserrechtlichen Bewilligung« schreibt die Behörde: »Alle Anlagen sind unter möglichster Schonung des Landschaftsbildes und des Pflanzenkleides auszuführen. Eine harmonische Einfügung des veränderten Teiles in die Landschaft ist anzustreben. Alle nicht notwendigen Eingriffe in die Landschaftsbilder haben zu unterbleiben.«

Und im Punkt 140: »Die Kraftwerksinsel ist so klein wie möglich auszuführen. Bei der Ausgestaltung der Insel ist das Einvernehmen mit der Naturschutzbehörde herzustellen.«

Die Baustellen müssen spätestens zwei Jahre nach Beendigung der Arbeiten aufgeräumt, von allen Bauresten und Hilfseinrichtungen, namentlich Wohn- und Werksbaracken, Maschinenfundamenten, Masten usw. gesäubert sein und in den früheren Zustand versetzt werden.

Das Bundesdenkmalamt wird überall dort eingeschaltet, wo wertvolle Denkmalobjekte gefährdet sind – alte Ufermauern, etwa Brücken, Bildstöcke, Wegkapellen, Marterln usw. Diese Behörde hat dafür zu sorgen, daß erhaltungswürdiges Bauwerk aus der Vergangenheit unserer Heimat unversehrt bleibt; das gilt auch für die Ortsbilder selbst, für die schönen Häuser und Plätze.

Der Vorsitzende der Wasserrechtsverhandlung nimmt sich aber auch jener 42 Anrainer an, die schon vor der Verhandlung ihre Einwände schriftlich eingereicht haben. Ihre Briefe lauten alle ziemlich ähnlich:

»Durch die Inanspruchnahme von mir gehörigen Grundflächen für das Donaukraftwerk Melk ist meine landwirtschaftliche Existenz gefährdet. Ich ersuche daher um Zurverfügungstellung von Ersatzgrund.« Sie erhalten ihn.

Schwieriger ist es schon, wenn ein Landwirt angibt, er habe erhebliche Mehreinnahmen dadurch gehabt, daß er eine Boots-

Seit alters her Wasserstraße, Kulturlandschaft und Erholungsraum: die österreichische Donau. Passagierschiff im Stauraum des Donaukraftwerkes Aschach (Oberösterreich). Im Hintergrund Schloß Marsbach.

Schloß Marsbach am linken Donauufer.
Die bewaldeten Steilhänge und der zur Energiegewinnung aufgestaute Strom bilden eine romantische Uferlandschaft.

Eine ganze »Flotte« weißer Schwäne oberhalb von Aschach. Diese Wasservögel fühlen sich in den ruhiger dahinströmenden Stromabschnitten besonders wohl.

Auch die Entenfamilien können nicht über »verbetonierte Ufer« klagen. Im Gegenteil. Nach einer jüngst durchgeführten Zählung wird die Anzahl der Wasservögel immer größer.

Oben: Wo einst die sogenannten Treidelpferde mühsam Lastkähne stromaufwärts zogen, auf den zu Begleitdämmen aufgehöhten Treppelwegen, läßt sich heute lustig mit Ponys reiten.
Unten: Das Donaukraftwerk Aschach, Oberösterreich (erbaut in den Jahren 1959–1966), ist das erste auf österreichischem Staatsgebiet. Links die Doppelkammerschleuse, in der Mitte das Maschinenhaus, rechts die Wehranlage.

Der Kraftwerksbau schafft viele neue Erholungsräume. Hier eine ehemalige Kiesgrube im Stauraum von Ottensheim-Wilhering, die seit vielen Jahren ein beliebtes Badeparadies ist.

Vielfältig sind die Freizeitmöglichkeiten in den naturnah gestalteten Uferzonen, Radwandern zählt zu den beliebtesten.

Wo ein großes Laufwasserkraftwerk errichtet wird, sind vorübergehende Eingriffe in die Landschaft unvermeidlich. Dieses Luftbild zeigt die Baustelle für das Donaukraftwerk Melk stromabwärts (1979).
Links der alte Donaulauf, in Bildmitte die große Baugrube »auf dem Trockenen«. Ist ein Kraftwerk nach dieser Bauweise fertig, wird der Strom durch das Hauptbauwerk, die Schleusen, Wehrfelder und Turbineneinläufe in sein neues Bett umgeleitet.

anlegestelle betrieben habe: »Nachdem ich durch den Bau des Donaukraftwerks Melk in den Alt-Arm zu liegen komme, kann ich von den Motorbooten nicht mehr angefahren werden. Das bedeutet für mich einen großen geschäftlichen Ausfall.«

Man wird ihm – falls er in einem Entschädigungsverfahren recht bekommt – den Schaden finanziell ersetzen oder ihn anderweitig zu entschädigen suchen.

Von der Wasserrechtsverhandlung werden zahlreiche Protokollabschriften angefertigt. Jeder hat genug Zeit, um all das zu lesen, was während der Verhandlung gesprochen wurde, jeder kann dagegen rechtzeitig Einspruch erheben.

Vor allem wird in diesen Protokollen die Stellungnahme des Kraftwerksbauherrn – also der Donaukraftwerke – veröffentlicht. Denn natürlich haben auch sie, die ja Milliarden für den Neubau ausgeben, das Recht, sich als Beteiligte zu äußern. Denn alles und jedes, was man von ihnen verlangt, und das ist nicht wenig, wie wir schon gesehen haben, kostet Geld, die Grundablösen, die Waldaufforstungen, der Einsatz von Jungfischen, die Anlage neuer Abwassersysteme, der Bau von Ersatzparkplätzen und das Schaffen neuer Uferstrecken mit geschickt angelegten Dämmen, die die Landschaftsbilder nicht stören.

Liegen alle Stellungnahmen vor, dann erfolgt die schon erwähnte »Wasserrechtliche Bewilligung«, jenes umfangreiche Schriftstück, das alles aufzählt, was auf Grund der gegebenen Sachlage zu geschehen hat, und das nach menschlichem Wissen und Können all das berücksichtigt, was den Kraftwerksbau mit der Natur und unseren Lebensbedingungen in Einklang bringen soll.

Darüber sind viele, viele Wochen intensiver Beratung hervorragender Fachleute vergangen. Und erst jetzt kann es heißen: »Wir bauen.«

V. Weshalb man Donaukraftwerke baut

Man könnte natürlich die Frage stellen, ob sich der ganze Aufwand an Sitzungen, an Verhandlungen, an Um- und Neubauten, an Bäumefällen und Wiederaufforsten, an Umweltveränderungen und -wiederinstandsetzung überhaupt lohnt: ob es notwendig war, die Donaukraftwerke zu bauen – und auch weiterhin zu errichten; ob es nicht auch andere Möglichkeiten des Kraftwerkbaues gibt, und ob wir wirklich so viel Elektrizität verbrauchen, daß wir immer neue Kraftwerke errichten müssen.

Einige dieser Fragen haben sich, wie jeder, der aufmerksam die Wirtschaftslage verfolgt, von selbst beantwortet:

Natürlich könnte man auch Elektrizitätswerke errichten, deren Turbinen mit Dampf betrieben werden. Diesen Dampf könnte man mit Atomkraft erzeugen. Das hat Österreichs Bevölkerung in einer Volksabstimmung mehrheitlich abgelehnt. Man kann natürlich auch Kohle oder Erdöl verwenden. Am einfachsten und billigsten kam bis vor wenigen Jahren noch die Verwendung von Erdöl. Doch, wie jeder weiß, und wie man ja fast jeden Tag in den Zeitungen lesen und im Fernsehen hören kann – die Erdölpreise sind von denjenigen Ländern, die über reiche Vorkommen verfügen, stark erhöht worden. Heute kommt das Beheizen eines Dampfkessels in einem sogenannten »kalorischen« Kraftwerk (von »calor« = Wärme) außerordentlich teuer.

Außerdem muß man stets befürchten, daß durch irgendwelche politische oder wirtschaftliche Konflikte die Lieferungen von Erdöl ins Stocken geraten oder gar ausbleiben. Verantwortungsvolle Politiker fordern daher stets, daß Österreichs Elektrizitätserzeugung »krisensicher« sein soll, das heißt: daß wir nicht von anderen Staaten abhängig sind oder nur so wenig wie möglich. Darüber denkt man schon seit langem nach. Es gibt einen einzigen Ausweg, und das ist die Nutzbarmachung unserer Wasserkräfte. Österreich ist ein gebirgiges Land, und unsere Flüsse, Bäche und Ströme haben alle ein starkes Gefälle, eine starke Strömung, die sie für die Stromerzeugung geeignet machen.

Im Prinzip weiß jeder, worum es geht: Das aus beträchtlicher Höhe herabstürzende Wasser betreibt ein Rad (oder genauer: ein von Ingenieuren wunderbar verbessertes »Rad«, das man Turbine nennt). Diese Turbine betreibt eine Stromerzeugungsmaschine, einen Generator, und der gibt die erzeugte Elektrizität an das Stromnetz ab.

Je höher das Wasser herabstürzt, oder je größer die Wassermenge ist, desto schneller und gewaltiger dreht sich die Turbine und desto mehr Strom wird erzeugt.

Man mißt den Stromverbrauch in Kilowattstunden, einer Einheit, die jeder von daheim kennt. (Ein Heizkörper etwa verbraucht 1 bis 2 Kilowatt/Stunde.) Würde man Österreichs ausbaufähige Wasserkräfte voll nützen, könnten sie 49 Milliarden Kilowattstunden pro Jahr liefern. Die Donau kann rund ein Drittel dieser Strommengen liefern, wenn sie einmal zur Gänze ausgebaut sein wird. In diesen Tagen, da das Kraftwerk Melk seiner Vollendung entgegengeht, werden von den möglichen 15,5 Milliarden Kilowattstunden aus der Donau bereits zehn Milliarden geliefert.

Um sich vorstellen zu können, welche Leistungen von den Donaukraftwerken abgegeben werden, muß man die Elektrizitätserzeugung in menschliche Arbeit umrechnen.

Nehmen wir nur zwei Kraftwerke: Ybbs-Persenbeug und Aschach; die gelieferte Leistung könnte nur von vierzig Millionen Arbeitern erbracht werden, also sechsmal so vielen Menschen, als Österreich, einschließlich der Greise und Säuglinge, Einwohner hat.

Nehmen wir das Kraftwerk Wallsee dazu und errechnen wir, wieviel Heizöl oder Kohle nötig wäre, um deren Leistung zu erreichen. Man würde jährlich 3,2 Millionen Tonnen hochwertige Braunkohle oder 1,05 Millionen Tonnen Heizöl verbrauchen: Sowohl Kohle als auch Heizöl müßten aus dem Ausland eingeführt und teuer bezahlt werden. Der dafür nötige Kohlenlastzug würde von Wien bis London reichen, der Heizöltransportzug immerhin bis München.

Donauwasser steht immer zur Verfügung. Es kostet nichts, und sowie einmal das Kraftwerk gebaut ist – dieses kostet freilich einige Milliarden Schilling –, muß man nur die Erhaltungskosten bezahlen. Und die sind, gemessen an der Leistung, nicht sehr hoch.

Dazu kommt eine wesentliche Forderung des modernen Umweltschutzes: Jede industrielle Großanlage muß umweltfreundlich sein. Sie soll weder durch Abgase noch durch Lärm oder sonstige Beeinträchtigungen die umgebende Landschaft schädigen. Nun – ohne viel nachzudenken, weiß wohl jeder, daß es nichts Saubereres gibt als ein Wasserkraftwerk: Ohne Verbrennungsabgase, ohne den Transport von staubigen oder übelriechenden Brennmaterialien wird Elektrizität erzeugt. Und Wasserkraftwerke, vor allem in den Bergen, laufen seit Jahrzehnten, einige schon seit der Zeit vor dem Ersten Weltkrieg, ohne daß irgendwo irgendwelche Schäden aufgetreten wären.

Eine schwieriger zu beantwortende Frage ist es, ob die Österreicher auch in Zukunft immer mehr Strom verbrauchen werden, ob dieser Verbrauch von Jahr zu Jahr zunimmt und in welchem Ausmaß. Wenn unsere Wirtschaft voll ausgelastet ist, dann trifft das sicher zu, denn dann verbrauchen alle die Tausenden Fabriken, Werkstätten und Bauernhöfe tagaus, tagein Strom, und zwar immer mehr, weil sie sich immer neue, modernere Elektrizität verbrauchende Maschinen anschaffen.

Auch die Haushalte entnehmen dem Stromnetz immer mehr Elektrizität. Es sind nur wenige Familien in Österreich, die noch keinen Kühlschrank haben. Hunderttausende Hausfrauen kochen mit elektrischem Strom, ebensoviele heizen mit Strom. Es gibt in jeder Wohnung Fernseher und Radio, Waschmaschinen gehören zu den Selbstverständlichkeiten. Weil aber immer neue Haushalte dazukommen, die sich solche (und viele andere) Elektrogeräte anschaffen, steigt auch der Haushaltverbrauch.

Fachleute, die sich mit der Voraussage unserer Entwicklung beschäftigen, können ziemlich genau sagen, wie hoch der Stromverbrauch im Jahr 1985, im Jahr 1990 sein wird – freilich vorausgesetzt, daß die Wirtschaftslage annähernd so bleibt, wie sie bisher war. (Wenn viele Firmen nicht mehr weiterarbeiten, würde der Stromverbrauch natürlich nicht so stark oder gar nicht wachsen.) Prognosen, die man vor einigen Jahren gestellt hat, lassen klar erkennen, daß Österreichs Wirtschaft unbedingt neue Kraftwerke braucht, damit kein »Engpaß« in der Stromlieferung eintritt.

Noch vor wenigen Jahrzehnten hat man fast ausschließlich im Hochgebirge Wasserkraftwerke errichtet. Bäche und Flüsse der Alpen wurden aufgestaut – meist an Stellen, die zu einer

Schlucht verengt waren –, und mit dem Wasser aus dem Stausee, das durch Rohre in die Tiefe stürzt, kann man das ganze Jahr hindurch die Turbinen der Kraftwerke betreiben. Die gewaltige Fallhöhe des Wassers, nicht seine Menge, gibt solchen Kraftwerken die Kraft.

Flüsse wie die Enns und der Inn, Ströme wie die Donau, haben in ihrem ganzen Lauf nicht jenes Gefälle aufzuweisen, das die alpinen Stau- oder Speicherkraftwerke benützen. Um die Kraft des lediglich über acht, zehn oder zwölf Meter stürzenden Wassers abzuarbeiten, bedurfte es neuartiger Turbinen. Dem österreichischen Erfinder Viktor Kaplan gelang es um 1910, eine solche Turbine, mit verstellbaren Schaufeln, zu konstruieren.

Moderne Kaplan-Turbinen haben riesige Ausmaße. Die Turbinen des Kraftwerks Melk etwa haben einen Laufraddurchmesser von 6,3 Metern; das entspricht der Höhe eines einstöckigen Hauses. Ihr Gesamtgewicht beträgt 567 Tonnen. Österreichische Ingenieure haben sie berechnet und konstruiert, österreichische Maschinenbaufirmen haben sie gebaut, und heimische Baufirmen haben die Kraftwerkshäuser errichtet.

Es lohnt sich, am »Tag der offenen Tür« eines der Kraftwerke zu besichtigen, in die Maschinenhallen zu gehen und die Leistung moderner Technik zu erleben.

Die Erfindung des Österreichers Viktor Kaplan hat die ganze Welt erobert. Vielfach verbessert und zu gigantischen Rädern weiterentwickelt, findet man die Turbine in der ganzen Welt. Die österreichische Maschinenindustrie liefert Jahr für Jahr solche Turbinen in die fernen Länder der Dritten Welt, nach Afrika, in den Nahen Osten, nach Südamerika.

Auch wenn die zur Stromerzeugung notwendige Fallhöhe eines mit Kaplan-Turbinen arbeitenden Kraftwerks nicht so hoch sein muß wie in den Speicherkraftwerken der Alpen, so muß der Arbeit leistende Fluß dennoch aufgestaut werden. Das bedeutet bei einem so großen Strom wie der Donau, daß sehr schwierige Aufgaben zu lösen sind. Der Fluß führt gewaltige Wassermengen heran; würde man sie nicht fernhalten, wäre der Bau der Anlage unmöglich. Außerdem fordert die Donau-Schiffahrt, daß der Strom, Kraftwerksbau hin oder her, immer befahrbar bleiben muß.

Gerade die Schiffahrt aber ist es gewesen, die immer wieder den Kraftwerkausbau des Stroms gefordert hat.

VI. Vom Schwarzen Meer zur Nordsee – über die Donau

Man erzählt sich, daß schon Kaiser Karl der Große, der vor mehr als elfhundert Jahren regierte, einen Kanal vom Rhein zur Donau bauen wollte. Der Herrscher, im Krieg mit den Awaren, wollte seine Ritterscharen auf dieser neuen Wasserstraße möglichst rasch nach Südosteuropa schaffen.

Auch heute noch bietet sich die Donau als »Europa-Wasserstraße« nach dem Südosten an. Die Verbindung zum Rhein ist so aktuell wie zu Karl des Großen Zeiten.

Der Rhein ist heutzutage der verkehrsreichste Strom Europas, die Donau der längste. Auf dem Rhein werden jährlich 300 Millionen Tonnen Güter aller Art befördert, auf der Donau nur der vierte Teil; dafür aber erreicht sie Länder, die für Westeuropa wichtige Wirtschaftspartner darstellen.

Da der Kanal, der 1921 endgültig geplant wurde, den großen Rhein-Nebenfluß Main benutzt, nennt man die vieldiskutierte Wasserstraße zwischen Nordsee und Schwarzem Meer den »Rhein-Main-Donau-Kanal«. Im Jahr 1962 schien seine Vollendung nahe. Damals hat der Ausbau der Wasserstraße die Stadt Bamberg in Oberfranken erreicht. Seither baut man zwar weiter, aber um die letzte Strecke, die durch das Altmühltal im Gebirgszug des Fränkischen Jura führt, ist ein Streit zwischen den Verfechtern des Kanalbaus und verschiedenen Umweltschutzgruppen ausgebrochen. Die Kanalbauer wollen alles tun, um den landschaftlichen Reiz des romantischen Tales zu erhalten; für dieses Ziel allein werden Millionenbeträge aufgewendet werden. Die Gegner des Kanalbaus führen aber auch wirtschaftliche und politische Gründe an.

Derzeit fehlen nur noch 98 Kilometer, und dann könnte, wenn die mit Hilfe mehrerer Schleusen erreichte Wasserscheide zwischen Rhein und Donau überschritten wird, der erste Schleppzug von Rotterdam nach Wien und weiter ins Schwarze Meer schwimmen.

Die Donau ist von der Einmündung des Kanals einige Kilometer oberhalb von Regensburg an bereits reguliert und bereit, den neuen Europa-Verkehr aufzunehmen. Österreich hat viele Milliarden investiert und die Donau für den zu erwartenden Großverkehr ausgebaut. Die Schleusen der Donaukraftwerke wurden für einen Schiffstyp errichtet, den man hoffnungsvoll den »Europa-Kahn« genannt hat: Alle am Verkehr zwischen Rhein und Donau interessierten Staaten haben sich verpflichtet, beim Bau ihrer Schiffe die Ausmaße des Europa-Kahns einzuhalten; aber es müssen dann auch die Schleusen- und Fahrrinnenbauten an den beiden Strömen und am Kanal so angelegt sein, daß der Europa-Kahn überall ohne Schwierigkeiten passieren kann. Hindernisse, wie etwa das schon erwähnte, mittlerweile gesprengte Schwalleck, hätten daher auch dann beseitigt werden müssen, wenn kein Kraftwerksbau geplant gewesen wäre.

Der Bau der Donaukraftwerkskette hat selbstverständlich von Anfang an auf den Europa-Kahn Rücksicht genommen. Die Schleusen sind entsprechend groß; schon als man 1954 mit dem Bau des Kraftwerkes Ybbs-Persenbeug begann, wurde darauf geachtet.

Die Regierungs-Chefs Österreichs und des Freistaates Bayern haben vor kurzem in einem »Gipfelgespräch« bekräftigt, daß der Kanal weitergebaut und in den neunziger Jahren eröffnet werden soll. Seit die Erdölpreise ansteigen, ist es für die Politiker zu einem der wichtigsten Probleme geworden, wie man Transportkosten senken könnte. Eine einfache Rechnung ergibt, daß man mit einem PS, also mit einer Pferdestärke, auf der Straße nur 150 Kilogramm vorwärtsbewegen kann, auf der Schiene 500 Kilo, auf dem Wasserweg aber 4000. Das überzeugt jeden Rechner. Es ist daher nur zu wünschen, daß die bisher viele hundert Kilometer lange Wasserstraße vollendet wird und auch die letzten 98 km fertiggestellt werden. Milliarden an Steuergeldern sind bereits für den Bau ausgegeben worden. Man sollte das großartigste Wasserbauprojekt Europas nicht knapp vor der Vollendung aufgeben.

Die Europa-Kahngröße ist übrigens beachtlich. Das Boot faßt bis zu 1500 Tonnen. Die Vereinbarung zwischen den europäischen am Wasserstraßenverkehr interessierten Ländern sieht außerdem vor, daß »Schubschiffverbände« mit einer Gesamtlänge von 185 Metern und einer Breite von 11,40 Metern die Schleusen passieren können müssen. Um den Tiefgang der Europa-Kähne muß man sich, seit es Donaukraftwerke gibt, keine Sorgen mehr machen: Der Rückstau hat längst alle Untiefen beseitigt.

Die Fachleute schätzen, daß sich Österreichs Wirtschaft, ist der Rhein-Main-Donau-Kanal einmal in Betrieb, jährlich ungefähr eine Milliarde Schilling an Transportkosten ersparen könnte. Weil dann sehr viele Güter auf dem Wasserweg und nicht mehr über die ohnedies schon überlasteten Autostraßen geführt werden könnten, würde auch die Unfallhäufigkeit und die Abnützung der Straßen vermindert werden.

Die Staaten Südosteuropas arbeiten genauso am Ausbau des Donau-Wasserweges. Das Kraftwerk am Eisernen Tor zwischen Jugoslawien und Rumänien hat das größte Hindernis auf dem Weg ins Schwarze Meer beseitigt. Die Donau, in Jugoslawien doppelt, ja dreifach so breit wie bei Wien, verengt sich in diesem Gebirgspaß auf dreißig bis vierzig Meter. Was das bei Hochwasser bedeutete, kann sich auch jemand vorstellen, der kein Donaudampfschiffahrtskapitän ist. Der Rückstau des Kraftwerkes, das dort vor Jahren errichtet wurde, macht das Eiserne Tor gefahrlos für die Schiffahrt.

In ihrem Unterlauf, nur noch sechzig Kilometer vom Schwarzen Meer entfernt, macht die Donau noch einmal einen überraschenden Knick und fließt nach Norden. Das nahe Meer bleibt sozusagen rechts liegen. Die Rumänen bauen nun an einem Kanal, der diesen »Umweg« beseitigt und von der Donau direkt zum Schwarzmeerhafen Constantsa führt. Seine Schleusen werden für gewaltige Kähne dimensioniert, für Schiffe, die möglicherweise gleich den Weitertransport über das Schwarze Meer übernehmen können.

Die Zukunft der Donauschiffahrt sieht also günstig aus. Österreichs Anteil am Donaustrom ist groß. Unser Land sollte eine entscheidende Rolle beim Ausbau des Güterverkehrs spielen können.

VII. Die Idee von der Kraftwerkskette

Seit man problemlos elektrischen Strom durch Dynamos, die von irgendeiner Kraftmaschine angetrieben werden, erzeugen kann, also seit etwa 120 Jahren, haben die Ingenieure auch Wasserkraftwerke gebaut. Es hat aber viele Jahrzehnte gedauert, und es mußten außerordentlich viele technische Probleme gelöst werden, ehe man daran zu denken wagte, an der Donau Kraftwerke zu errichten.

Erst aus dem Jahr 1910 ist ein Projekt bekannt, das uns heute seltsam anmutet, damals aber außerordentlich ernsthaft diskutiert worden ist. Der österreichische Ingenieur Söllner schlug vor, einen 53 Kilometer langen Kanal zu bauen; vom Donaustrom in Wien ausgehend, sollte er das Marchfeld durchfließen und bei Hainburg wieder in den Strom münden. Drei Kraftwerke – eines in Wien, eines bei Großenzersdorf, eines bei Wagram an der Donau – sollten mit Hilfe der damals bekannten Turbinen Strom erzeugen. Darüber hinaus wollte Söllner mit seinem Kanal das zwar fruchtbare, aber unter Trockenheit leidende Marchfeld künstlich bewässern, und schließlich sollte der Kanal auch Donau-Hochwasser aufnehmen können, ähnlich wie das heute die »zweite«, die Neue Donau tut.

Es gab Probleme über Probleme, die man damals nicht lösen konnte, und so wurde der Bau niemals begonnen. Um diese Zeit begann man in den Engtälern der Alpen mit dem Aufstauen der Gebirgsflüsse. In Wien selbst wurden Dampfkraftwerke gebaut: Die Kohle dafür kam aus den Gruben im Norden der Donaumonarchie. Das Interesse an einem Donaukraftwerk war nicht allzu groß.

Die Schweiz hatte damals am Rhein schon einige Erfahrung mit Flußkraftwerken gesammelt, und eine Zürcher Firma bot sich 1912 an, in Wallsee und in Aschach Donaukraftwerke zu errichten, also genau an jenen Stellen, an denen ein halbes Jahrhundert später von den Donaukraftwerken Staustufen gebaut wurden. Das spricht für den klaren Blick der Schweizer. Sie wollten allerdings den Strom nicht, wie es später geschehen ist, in seiner ganzen Breite aufstauen, sondern einen Kanal abzweigen und sein Wasser weit unterhalb in das Kraftwerk einfallen lassen. In Wallsee etwa wäre der Kanal an die zehn Kilometer lang gewesen.

Der »Entwurf Wallsee« erhielt als erstes Donaukraftwerksprojekt eine Baubewilligung. Der österreichische Ingenieur F. Brock setzte sich mit aller Macht für den Kraftwerksbau ein, eine Finanzierungsgruppe wurde gegründet, Einzelheiten der Grundankäufe und des Baubeginns waren bereits durchgesprochen. Doch bald ergaben sich unüberwindliche technische Hindernisse beim Kraftwerksbau selbst und in der Frage, wie die Turbinen auszuführen seien. Die von Ingenieur Brock zustande gebrachte Finanzgruppe ging wieder auseinander.

Wenig später brach der Erste Weltkrieg aus. Man hatte nun – leider – andere Sorgen. Die Jahre nach 1918 waren in Österreich von schweren wirtschaftlichen Krisen gekennzeichnet. Es gab keine billige Kohle aus tschechischen und mährischen Gruben mehr. Deshalb wurden Wasserkraftwerke immer interessanter, wenngleich die Kohlengrubenfirmen ihren Einfluß gegen den Wasserkraftwerksbau geltend zu machen versuchten.

An die zehn ernstzunehmende Entwürfe wurden in den wenigen Jahren bis zur großen, katastrophalen Weltwirtschaftskrise von 1931 eingereicht, aber nur einem Entwurf – er stammt von dem Schweizer Ingenieur Höhn – wurde die Baubewilligung erteilt. Das Projekt sieht ein Kraftwerk in Ybbs-Persenbeug vor. Der Ingenieur faßt ins Auge, daß der Rückstau der Donau den gefahrvollen Strudengau mit seinen Untiefen entschärfen werde. Es gelang ihm, zwei österreichische Großbanken für sein Projekt zu interessieren, schon waren die Bewilligungsverfahren weit vorgeschritten. Da brach eine der Banken finanziell zusammen. Der Bauantrag wurde danach zurückgezogen, und es wurde zunächst still um das Projekt Ybbs-Persenbeug.

Im Jahre 1938 wurde Österreich dem Deutschen Reich einverleibt. Großspurig, wie es ihre Art war, erklärten die neuen Machthaber die Donau zur »Reichswasserstraße« und befahlen den beschleunigten Bau des Kraftwerks Ybbs-Persenbeug. Der Entwurf des Schweizer Ingenieurs wurde beibehalten; doch es wollte und wollte mit dem Baubeginn nicht klappen. Intrigen zwischen den verschiedenen Größen der Partei verhinderten den

Anfang. Schließlich wurde die Firmenleitung sogar ausgewechselt.

Die neuen Chefs entschieden sich für einen neuen Kraftwerkstyp, der in Bayern ausprobiert worden war, sich aber für die weitaus größere Donau bei Persenbeug als vollkommen ungeeignet erwies. Man konstruierte an den Bauten herum; niemand wußte, wie die darin aufzustellenden Maschinen aussehen sollten. Die Kritik wurde immer härter – selbst für eine Diktatur wurde sie allzu groß –, sodaß 1943 der Bau eingestellt wurde.

Die großen Baugruben an beiden Donauufern, die Schotterhalden mit dem bereits durchgeführten Aushub und die Betonerzeugungsanlagen erinnerten an die verfehlten Projekte.

Und wieder war ein Weltkrieg zu Ende. 1945 stellte die sowjetische Besatzungsmacht fest, daß die Bauanlagen »deutsches Eigentum« seien, und nahm sie unter ihre Militärverwaltung. Das bedeutete, daß die Baustelle weiterhin stillgelegt blieb. Öde und verlassen ragten die rostenden Bauteile in den Himmel. Die Baugruben wurden zu kleinen Teichen.

Die erzwungene Pause hat der österreichische Staat genützt. Hervorragende Fachleute haben das alte Projekt durchgearbeitet – Zeit hatten sie ja – und es den modernsten Erkenntnissen des Flußkraftwerksbaus angepaßt. Außerdem beschloß das Parlament, schon 1947, für alle Aufgaben, die den Ausbau der Donau betreffen, eine eigene, staatliche Sondergesellschaft zu gründen, die Donaukraftwerke AG; sofort nach ihrer Gründung versuchte sie, die Zustimmung der sowjetischen Besatzungsmacht zum Baubeginn in Ybbs-Persenbeug zu erlangen.

Vergeblich. Erst knapp vor Abschluß des Staatsvertrages, im Jahr 1953, als jedermann zu hoffen begann, daß Österreich doch noch frei werden würde, gab die Besatzungsmacht die Baustelle frei. Ein Jahr später wurde mit den Arbeiten begonnen.

Es war damals, und wohl auch schon viel früher, allen Fachleuten klar, daß man den Donaustrom in seiner Gesamtlänge ausbauen mußte. Dieser Rahmenplan einer Kraftwerkskette von Passau bis Hainburg lag bei Baubeginn am Kraftwerk Ybbs-Persenbeug fertig vor. Er sieht in seiner ersten, ursprünglichen Form fünfzehn Kraftwerke vor. Verschiedene Neuberechnungen und Überlegungen haben dazu geführt, daß die Donau in Österreich als »ausgebaut« betrachtet werden solle, wenn sie zwölf Kraftwerke betreibt (dazu zählt auch das gemeinsam mit Bayern betriebene Werk Jochenstein). Acht Kraftwerke arbeiten schon. Das Werk Greifenstein, derzeit in Bau, soll 1984 in Betrieb gehen. Die Stufe bei Hainburg befindet sich noch im Planungsstadium. Wann, wie und wo am Südrand von Wien und in der Wachau nächst Rührsdorf-Rossatz geplant und gebaut werden wird, das kann heute noch nicht genau gesagt werden. Daß aber nur eine Kette von Kraftwerken zielführend ist bei der Bändigung eines so wilden Stromes wie der Donau, darin sind sich alle Fachleute einig.

VIII. Das Wasser und seine Stauräume

Wer als kleines Kind an einem Bächlein gespielt und dem Wasserlauf ein neues Bett zu graben versucht hat, der weiß, daß auch schon ein kleines Rinnsal Steinchen und Sand mit sich führt.

Je stärker die Strömung, desto größer die mitgeführten Steine. Staut man sein Bächlein auf, dann fallen, da das Wasser gewissermaßen seine Kraft verliert, zuerst die größeren Steine auf den Grund, danach immer kleinere, und schließlich lagert sich an unserer selbstgebauten »Staumauer« feiner Sand, feine Erde ab. Geschickte »Bächlein-Spieler« greifen denn auch von Zeit zu Zeit ins Wasser und holen mit der hohlen Hand den Sand herauf, der sich angesammelt hat. Sie »baggern« ihren »Fluß« aus.

Die Steinchen und der Sand werden vom fließenden Wasser mitgerissen, wenn es in seinem Bett dahinfließt. Ganz sachte gräbt sich so ein Bach immer tiefer, die ausgegrabenen Steine führt er mit sich. Wer jemals im Gebirge durch eine Schlucht gewandert ist, wer jemals die steilen Ufer eines Flusses angestaunt hat, der weiß, wie tief sich ein Gewässer in den Boden eingraben kann.

Auch der Donaustrom gräbt und nagt an seinem Grund. Auch sein Wasser ist bestrebt, sich ein immer tieferes Bett zu graben, und da die Donau im Gegensatz etwa zum Rhein oder zu den französischen Flüssen ein ziemlich starkes Gefälle hat, gräbt sie erhebliche Mengen ab und führt Schotter, Steine, Sand und Erde stromabwärts mit sich, als »Geschiebe«, an der Flußsohle, und als »Schwebstoffe«, über den ganzen Querschnitt verteilt.

Was geschieht, wenn man den Strom aufstaut? Durch die Staumauer gezwungen, fließt er immer langsamer, je näher er dem Wehr kommt. Zuerst bleiben die größten der mitgeführten Steine auf dem Flußgrund liegen, danach immer kleinere, schließlich Sand, und beim Wehr lagert sich das feinste Material – Schlüff – ab. Das ist natürlich für die Erbauer von Kraftwerken durchaus nicht angenehm. Sie haben sich ja, als sie die Baubewilligung für das Kraftwerk erhielten, verpflichtet, für die Schiffahrt zu sorgen: Wie, wenn jetzt der Wasserweg versandet? Und außerdem: Durch die Versandung steigt natürlich auch der Wasserspiegel im Stauraum.

Wenn nur *ein* Kraftwerk an der Donau gebaut worden wäre und nicht eine ganze Kette von Kraftwerken, dann gäbe es nur eine einzige Möglichkeit, die abgelagerten Gesteins- und Sandmassen zu beseitigen: baggern, Tag und Nacht baggern. Das ist teuer und umständlich.

Die viel vernünftigere, die viel wirksamere Lösung sieht anders aus: Bei einer Kette von Kraftwerken reicht der Stau des einen Kraftwerks bis knapp unterhalb des nächst höheren. Staustufe reiht sich lückenlos an Staustufe. Für den Donaustrom ergibt sich daraus, daß er nun in seinem ganzen Lauf langsam dahinfließt – man spricht von »Stauseen« oder vom »Laufstau«. Er hat kein nennenswertes Gefälle mehr. Genaue Beobachtungen der Strom-Landschaft, der Wasserführung der Donau, neben vielen anderen Messungen haben es den Ingenieuren der Donaukraftwerke ermöglicht, die Kette der Staustufen tatsächlich so zu planen, daß die Donau von einer Staumauer zur anderen – nach Fertigstellung aller zwölf – dahin-»kriechen« wird.

Das Wasser der Donau ist dadurch gezähmt. Ohne Gefälle kann es weder größere Steine noch viel Sand und Erde mitreißen, der Geschiebetransport ist praktisch unterbunden.

Die Bagger, die bei einem einzelnen, bei einem isoliert arbeitenden Kraftwerk pausenlos im Einsatz sein müßten, brauchen bei einer Kette von Staustufen nur noch selten und örtlich begrenzt zu arbeiten, so zum Beispiel im engeren Kraftwerks- und Schleusenbereich, wo sich, im fast stehenden Wasser, feinstes Material absetzt.

Wohl aber haben die Kraftwerks-Konstrukteure, um die Fallhöhe des Wassers zu steigern, bei einigen Kraftwerken das Donaubett unterhalb des Wehrs vertieft, und damit gelang es, höhere Strommengen herauszuholen.

Es sei vorweggenommen (und es wird in diesem Buch später darauf eingegangen), daß sich natürlich der Fischbestand in einem Stausee gegenüber einem schnell fließenden Gewässer ändert. Jeder von uns weiß, daß in einem Gebirgsbach Forellen vorkommen, aber keine Karpfen. Auch in der Donau gibt und gab es einige Fischarten, die in ihrer Lebensweise an rasch fließendes Wasser gewöhnt sind. Sie kommen im ruhig und gemächlich fließenden Stauraum-Gewässer nicht recht weiter, andere Fische aber vermehren sich nun erst recht, und es sind nicht die schlechtesten.

Auf jeden Fall kann nicht von einem »toten« oder von einem »sterbenden« Strom geredet werden. Man muß nur einmal die Scharen von verschiedenen Wasservögeln gesehen haben, die nun, da die Donau langsam dahinströmt, hier ihre Nistplätze gefunden haben.

In besonders strengen Wintern frieren die Stauräume zu. Das behindert die Stromerzeugung keineswegs. Die Donauschiffahrt aber will das ganze Jahr hindurch fahren. Die Donaukraftwerke setzen daher Eisbrecher ein. Wie in den eisigen Nordmeeren bahnen sich die gepanzerten Schiffe ihren Weg durch das Eis, vor sich berstende, brechende Eisschollen, hinter sich eine freie Fahrtrinne. Die zerbrochenen Eisschollen treiben polternd und zersplitternd die Wehranlage hinab.

Einem richtigen, das Wasser aufstauenden Eisstoß, einst der Schrecken der Donaubewohner, fehlt heute jener furchtbare Schrecken, wie er etwa im Winter 1830 die Wiener Leopoldstadt und die Brigittenau erfüllte. Die brechenden, berstenden Eismassen türmten sich mehrere Meter hoch und stauten das Wasser des Stroms auf, das sich mit wilder Wut in die engen Gassen und Gäßchen der alten Leopoldstadt ergoß. Hunderte Menschen wurden, obwohl die Soldaten und die Feuerwehren Alarm bliesen, im Schlaf von den Fluten überrascht. Im Nachtgewand kauerten sie in der eisigen Spätwinterkälte auf den Dächern ihrer Häuser. Viele ertranken oder erfroren. Tausende Retter strömten herbei, um zu helfen. Soldaten sprengten die Eismassen, aber es dauerte viele Tage, ehe das Wasser wieder abfloß. Es hinterließ grauenvoll verwüstete Stadtteile. Die Brunnen waren verdorben, Typhus und Cholera brachen aus und forderten weitere Opfer.

Schon der bereits beschriebene Durchstich der Donau von 1869 hat derartige Katastrophen mit großer Sicherheit ausgeschlossen, die Kette der Donaukraftwerke und der Bau der Neuen Donau haben sie unmöglich gemacht. Man wird vielleicht die Neue Donau auf einer Eisfläche trockenen Fußes überqueren können, aber das wird dann eher eine Volksbelustigung als eine Gefahr darstellen.

Die Donauschiffe, deren Zahl und deren Bedeutung für die

Transportwirtschaft ständig zunimmt, wollen natürlich das ganze Jahr über fahren. Jeder Tag, den sie in irgendeinem Donauhafen tatenlos zubringen müssen, ist verloren und kostet Geld. Ihre Eigentümer sind daran interessiert, den Donauweg das ganze Jahr offen zu wissen.

Die Kraftwerkskette war ein wesentlicher Schritt dazu.

Das baulich fertiggestellte Donaukraftwerk Melk, drei Jahre später aus der entgegengesetzten Blickrichtung (stromaufwärts). Die Donau ist bereits in ihr neues Kraftwerksbett umgeleitet. Der Altarm ist abgeriegelt und kann nun begrünt und zu einem Erholungsgebiet ausgebaut werden.

Oben: So »steinig« sieht es während der rund 30 Monate dauernden Bauzeit aus (Donaukraftwerk Melk während des Baues, 1980).
Unten: Schon nach zwei bis drei Wuchsperioden sind die Wunden, die der Kraftwerksbau der Landschaft schlug, vernarbt: Das Donaukraftwerk Abwinden-Asten unterhalb des Industrieraumes von Linz, der am Horizont zu erkennen ist. Dieses Donaukraftwerk ging 1979 in Betrieb.

Im Flugzeug über der Baustelle für das Donaukraftwerk Greifenstein in Niederösterreich (1981). Ab Mai 1984 wird hier bereits »Strom aus dem Strom« erzeugt werden.

Oben: Schnitt durch das Modell des Donaukraftwerkes Ottensheim-Wilhering. Es ist mit sogenannten Horizontalturbinen ausgestattet, d. h. Turbine und Generator liegen waagrecht, parallel zur Fließrichtung des Wassers, was eine landschaftsschonendere Bauweise ermöglicht.
Unten: Mögliche Auswirkungen auf Landschaft und Wasserhaushalt werden bei jedem Kraftwerksprojekt in einer eigenen Modellversuchsanlage in Ybbs genau geprüft (Ausschnitt des Modells für die Stufe Greifenstein).

Rund 1200 bis 1400 Menschen direkt auf der Baustelle und etwa sechsmal soviel in den verschiedenen Zulieferbetrieben (Maschinenbau, Elektroindustrie, Kabelerzeuger usw.) sind am Bau eines Donaukraftwerkes beteiligt. Man kann ziemlich genau errechnen: für 8000 Österreicher bringt der Donauausbau sichere Arbeitsplätze.
Im Bild: Betonierungsarbeiten auf der Kraftwerksbaustelle Greifenstein.

Die einzelnen Bauteile eines Kraftwerkes werden mit Stahl »armiert«, das heißt der Beton, der später in die Schalungen gefüllt wird, erhält ein stählernes Rückgrat, denn der Wasserdruck und die Maschinengewichte, die so ein Bauwerk aushalten muß, sind gewaltig.

»Einfahren« eines vormontierten Turbinenlaufrades in der Maschinenhalle des Donaukraftwerkes Abwinden-Asten.

Zwerge auf dem Triebwerk eines Riesen-Turboprop-Flugzeugs?
Nein: Monteure auf einem der neun Turbinenlaufräder des Donaukraftwerkes Altenwörth.

IX. Wie die »Kraftwerkskette« Wirklichkeit wurde

Das erste Kraftwerk am Strom wurde in Bayern gebaut. Nächst Passau, wo die Donau ein gefährliches »Kachlet«, eine Untiefe, gebildet hatte, errichtete man dieses erste, durch Aufstau des Stroms betriebene Elektrizitätswerk, das aber zunächst nur die Stadt Passau und ihre nähere Umgebung belieferte. Das gefährliche Hindernis des Passauer »Kachlets« wurde dabei durch den Aufstau entschärft.

Nach dem Zweiten Weltkrieg, als sich die Wirtschaft Österreichs und Bayerns einigermaßen von den Verwüstungen und Zerstörungen des Krieges zu erholen begann, stieg die Nachfrage nach Strom sehr rasch. Wie erwähnt, waren die Pläne für das Werk Ybbs-Persenbeug fast fertiggestellt, aber Ybbs-Persenbeug lag in der Sowjetzone. Nichts geschah.

Komplizierte Verhandlungen zwischen Bayern und Österreich führten schließlich Anfang der fünfziger Jahre dazu, daß dort, wo die Donau die Grenze zwischen Österreich und Bayern bildet und wo sie von den Granitbergen des Mühlviertels eingeengt ist, ein Kraftwerk gebaut werden sollte. Die amerikanische Besatzungsmacht, die dort herrschte, versprach, das Projekt zu unterstützen.

Während im Gebiet der Hohen Tauern in Kaprun das erste große Nachkriegs-Kraftwerk der Zweiten Republik gebaut wurde, entstand an der Donau das Kraftwerk Jochenstein. Der Strom wird nach einem genauen Vertrag zwischen den beiden Kraftwerkserbauern Bayern und Österreich geteilt, die Zusammenarbeit ist ausgezeichnet.

Als die Sowjets 1953 unerwartet ihren Widerstand gegen den Ausbau von Ybbs-Persenbeug aufgaben, konnte nach einem Jahr mit dem Bau begonnen werden. 1959 lief die letzte Turbine an.

1955, als Österreich den Staatsvertrag erhielt und frei wurde, begann der wirtschaftliche Aufstieg unserer Zweiten Republik, der uns vom armen, mißachteten Kleinstaat als Gleichberechtigte in die Reihe der westlichen Industrieländer führte. Der Fortschritt unserer Wirtschaft auf jedem Gebiet, die rasche Modernisierung der Fabriken und der steigende Stromverbrauch in den Haushalten haben schon in den fünfziger Jahren den Strombedarf anwachsen lassen.

Es ging nun zügig weiter mit dem Ausbau der Donaukette. Gewaltige Geldmittel waren nötig, jedes Projekt kostete Milliarden, und verschiedene Formen der Beschaffung dieser Summen wurden gesucht und gefunden.

Kaum begann der letzte Maschinensatz im Werk Ybbs-Persenbeug zu arbeiten, erfolgte schon der erste Spatenstich für das an der oberen Donau, unterhalb von Jochenstein gelegene Kraftwerk Aschach. Hier ist die Donau schon an beiden Ufern österreichisch, der Stauraum von Aschach reicht bis nach Jochenstein und hat die Schiffahrt in diesem engen Teil des Donautals von großen Schwierigkeiten befreit. Der Bau von Aschach wurde 1959 begonnen und 1964 beendet.

Nach der Inbetriebnahme von Aschach wurde das bis dahin größte Projekt, das Kraftwerk Wallsee-Mitterkirchen, in Angriff genommen. Der Stau von Ybbs-Persenbeug, der den ganzen Strudengau erfüllt, reicht bis zum Hauptbauwerk von Wallsee-Mitterkirchen, das seinerseits wieder die Donau bis unterhalb von Linz aufstaut. Das Kraftwerk Wallsee-Mitterkirchen wurde von 1965 bis 1968 erbaut.

Nahezu lückenlos schloß sich daran der Bau des Donaukraftwerks Ottensheim-Wilhering, das den Strom unterhalb von Aschach aufstaut, und dessen Fertigstellung 1974 gefeiert werden konnte.

Ein Jahr zuvor, 1973, wurde im Tullner Feld der Bau des ersten im Flachland liegenden Donaukraftwerks, Altenwörth, begonnen; es stellte mit seinen Problemen die Erbauer vor viele neue Fragen. Als es in Betrieb ging, arbeiteten die Baufirmen bereits am Kraftwerk Abwinden-Asten unterhalb von Linz. In dreijähriger Bauzeit, von 1976 bis 1979, wurde dieses Werk errichtet, und nun reichte die Kraftwerkskette an der Donau schon von Ybbs-Persenbeug zweihundert Kilometer stromauf bis nach Passau.

Die Baufirmen, die die Donaukraftwerke errichten, haben in den Jahrzehnten, in denen sie am Strom arbeiteten, ihre Bautechnik verbessert. Eine Schar hervorragender Spezialisten hat das Tempo der Bauarbeit von Werk zu Werk erhöht. Schwierigkeiten, wie sie bei so großen Bauvorhaben immer wieder auftreten, werden mühelos gemeistert, es gibt eigentlich nichts, was die Arbeiter an den Baustellen in ihrem Tempo bremsen kann. Die Auftraggeber, die Donaukraftwerke, hatten sich schon an das neue Tempo gewöhnt: Im 36-Monate-Rhythmus – also alle drei Jahre – sollte ein Kraftwerk fertiggebaut werden. Diese Rekordzeit, die im Ausland große Beachtung fand und in vielen Fachzeitschriften der Bauindustrie bewundernd erwähnt wurde, wird immer wieder unterboten. Das Kraftwerk Greifenstein etwa wird nicht in 36, sondern in dreißig Monaten fertiggestellt werden können.

1979, als in Abwinden-Asten die letzten Handgriffe am neuen Werk getan wurden, begann man mit dem Bau des am Eingang zur Wachau liegenden Kraftwerks Melk; sein Stauraum reicht bis nach Ybbs-Persenbeug.

Zwischen Altenwörth im Tullner Feld und Melk liegt die Wachau, und entsprechend dem Rahmenplan für den Donau-Ausbau soll auch in diesem Teil des Donautals ein Kraftwerk entstehen. Die Ingenieure glauben, daß der Raum zwischen Rossatz und Rührsdorf am geeignetsten wäre. Weinbauern, Umweltschützer und Fremdenverkehrsfachleute haben zahlreiche Argumente gegen den Bau vorgebracht. Die Dämme, die das Ufer entsprechend dem höheren Wasserstand des Stausees begleiten müssen, würden das Bild der Wachau, vor allem von den Uferpromenaden und den am Ufer gelegenen Gasthöfen aus gesehen, stark beeinträchtigen, so sagen die einen. Die größere Wasserfläche des aufgestauten Stroms würde das Klima verändern, fürchten andere; Wasser wirkt temperaturausgleichend. Wohl wäre es, sagen Meteorologen, im Winter weniger kalt, was den Obstbäumen und Reben sicher nicht schaden würde, doch könnte es sein, daß die Sommertemperaturen niedriger sind als jetzt, was dem Wein und den Marillen nicht guttun könnte.

Andere Meteorologen sind davon überzeugt, daß die Vergrößerung der Wasserfläche der Donau das Klima nur ganz unwesentlich beeinflussen würde. Sie halten einschneidende Klimaänderungen für undenkbar.

Die Kraftwerkbauer haben zunächst, um alle Bedenken genau zu prüfen, den Bau des Wachau-Kraftwerks auf unbestimmte Zeit verschoben und längs der Donau, vor allem in den Stauräumen, Hunderte von Wetter-Meßgeräten aufgestellt. Sie werden genaue Werte ermitteln, die zeigen können, in welcher Größenordnung und in welcher Richtung sich das Klima ändert, soferne es das überhaupt tut.

Soeben ist das Kraftwerk Melk in Betrieb gegangen – und schon wird, diesmal im Dreißigmonate-Rhythmus, das jüngste Projekt an der Donau verwirklicht. Gegenüber der alten, aussichtsberühmten Burg Greifenstein, in den Auen zwischen Stockerau und Korneuburg, rund 15 Stromkilometer oberhalb von Wien, wird dieses Werk gebaut; der Rückstau wird bis Altenwörth reichen.

Viele Diskussionen hat die Vorlage des nächsten Kraftwerk-Projektes hervorgerufen, das, wenige Kilometer von der tschechoslowakischen Grenze entfernt, oberhalb oder unterhalb von Hainburg errichtet werden wird.

In diesem Gebiet, dem Zusammenfluß zwischen der Donau und dem großen Nebenfluß March, die ganz Mähren entwässert, liegen weite urwaldähnliche Auen, wie Europa nur noch ganz wenige aufzuweisen hat. Am Rande dieser unberührten, großen, von Altarmen, Tümpeln und Nebenflüssen des Stroms durchsetzten Landschaft wird irgendwo das neue Kraftwerk liegen.

Drei Varianten zwischen dem Standort Hainburg und einem Projekt, das den Staudamm weiter stromauf, in die Nähe der alten Römerstadt Carnuntum beim heutigen Petronell verlegt, stehen zur Diskussion. Gebaut wird zweifellos jenes werden, das die Ansichten der Umweltschützer und Umweltfachleute mit den technischen Anforderungen der Ingenieure der Donaukraftwerke auf einen gemeinsamen Nenner bringen kann.

Bleibt danach, in Erfüllung des Rahmenplans, nur noch das Kraftwerk im Raum Wien. Sein Standort dürfte in Simmering sein, noch oberhalt des großen Augebietes der Lobau. Genaue Pläne liegen allerdings noch nicht vor.

Nur noch drei der (mit Jochenstein) zwölf Donaukraftwerke fehlen also in der Kette am Strom, wobei das Werk Hainburg sicherlich noch in den achtziger Jahren in Betrieb gehen wird.

Es wird nicht zuletzt vom Tempo unserer wirtschaftlichen Weiterentwicklung abhängen, ob auch die beiden letzten Kraftwerke der Kette, Wachau und Wien, sofort und genauso energisch, in Angriff genommen werden, wie es bisher bei den Donaukraftwerken der Fall gewesen ist. Würde der Stromverbrauch sinken oder zumindest nicht zunehmen, dann würde die österreichische Elektrizitätswirtschaft, zu der als wichtiger Teil die Donaukraftwerke zählen, die Lage neu überdenken müssen. Zwischen 1975 und 1980 ist der Stromverbrauch noch um etwa dreißig Prozent gestiegen. Der steigende Bedarf konnte nicht zuletzt durch die neu in Betrieb gegangenen Donaukraftwerke gedeckt werden. Man hat in jenen Jahren mit dem Betrieb des Atomkraftwerks Zwentendorf gerechnet, das jährlich 4,2 Milliarden Kilowattstunden geliefert hätte. Die Volksabstimmung gegen das Atomkraftwerk und die dadurch bewirkte Stillegung der Anlage, hat die Verantwortlichen der Elektrizitätswirtschaft gezwungen, sich um neue Stromerzeugungsbetriebe zu kümmern. Dazu gehört ein in der Nähe von Zwentendorf neu errichtetes Kraftwerk, das mit Kohle geheizt werden wird, und dazu gehört auch die Beschleunigung beim Donaukraftwerksbau in Greifenstein und in Hainburg – eine Verkürzung der Bauzeit von 36 auf 30 Monate.

Was Österreich auf jeden Fall brauchen wird, auch wenn die Verbrauchskurve für Strom nicht mehr so steil aufwärts führt, das ist der gleichmäßige, auch im Winter erzeugte, quasi immer vorhandene Strom; die Techniker nennen ihn »Bandstrom«. Der Gegensatz dazu, der in den Stoßzeiten benötigte »Spitzenstrom«, kommt aus den alpinen Speicherkraftwerken; sie kann man nicht ununterbrochen Wasser »abarbeiten« lassen, da die Zuflüsse zu ihren Stauseen nicht allzu groß sind und die Speicher bald entleert wären.

Um es mit einem Satz auszudrücken: Die Elektrizität aus der Donau kann durch nichts ersetzt werden. Wir haben dazu noch das Glück, daß der Donaustrom in allen Jahreszeiten eine annähernd gleich gute Wasserführung hat, sodaß die aufgestauten Strecken jahraus, jahrein ausreichen, um die Kraftwerke zu betreiben; vor allem auch im Winter, wenn in den Alpen die geringste Wassermenge von den Schneefeldern und Gletschern zu Tal fließt.

Der »Bandstrom«, wie ihn die Donaukraftwerke erzeugen, ist denn auch die Grundlage unseres Versorgungsnetzes. Der Stromverbrauch ist von den Jahreszeiten abhängig; die Unterschiede zwischen Sommer und Winter sind groß. In der kalten Jahreszeit wird es zeitig finster, der Lichtstromverbrauch ist höher, Zehntausende Haushalte und Betriebe heizen mit Strom, zugleich liefern die Alpenkraftwerke weniger Strom. Im Sommer dagegen ist das Stromangebot wesentlich günstiger, der Bedarf geringer.

Aber auch an jedem einzelnen Tag kann man typische Stromspitzenverbrauchs-Zeiten beobachten. Am Morgen etwa, wenn in allen Haushalten das Frühstück gewärmt wird, bei Einbruch der Dunkelheit bis zur Schlafenszeit, wenn nicht nur die Straßenbeleuchtung eingeschaltet wird, sondern auch Millionen Glühlampen und TV-Apparate.

Die Stromerzeugung der Donaukraftwerke richtet sich nach dem ständigen Wasserangebot der Donau. Eine Steigerung zu den Spitzenzeiten wäre nicht möglich. Daher schaltet der Bundeslastverteiler, der die Stromabgabe regelt, in den Spitzenzeiten die Alpenkraftwerke ein: Die Ventile der großen, talwärts führenden Rohrleitungen werden geöffnet, wenige Sekunden später betreibt das herabstürzende Wasser die Turbinen, und fast zur gleichen Zeit wird auch schon Strom – wertvoller Spitzenstrom – an das Verbundnetz abgegeben. Die Speicherkraftwerke haben den klar ersichtlichen Vorteil, daß sie blitzschnell von null auf volle Leistung gebracht werden können.

Besonders kompliziert sind Stromaustausch-Vorgänge, wenn sie nicht innerhalb Österreichs vor sich gehen, sondern mit anderen Staaten abgesprochen sind. Da liest man dann in den Strom-Bilanzen, daß Österreich pro Jahr einige Milliarden Kilowattstunden exportiert – was für viele Anlaß ist, sofort einem Baustopp von Kraftwerken das Wort zu reden. Die Verträge sind aber so angelegt, daß Österreich überschüssigen Sommerstrom abgibt, um im Winter von Ländern, die viel Kohle besitzen und daher viele Dampfkraftwerke betreiben, wertvollen Winterstrom zurückzuerhalten. Jedenfalls ist keine Rede davon, daß Österreich neue Kraftwerke baut, um Strom zu exportieren. Der Exportstrom würde niemandem nützen, der Importstrom aber hilft der Volkswirtschaft in jeder Weise, nicht zuletzt ersparen wir uns viele Millionen Devisen.

X. Wie ein Donaukraftwerk aussieht

Man kann die Donau nicht einfach so aufstauen, wie es jeder von den Wehranlagen in unseren Gebirgstälern her kennt: einen aus Stein, Beton oder Holz gebauten Damm quer durch den Wasserlauf – und fertig ist die Anlage. Dahinter staut sich das Wasser. Durch einen künstlichen Bach fließt es zum Wasserrad. Dieses Modell hatte noch 1910 der schon erwähnte Ingenieur Söllner vor Augen, als er einen gigantischen »Mühlbach« durch das Marchfeld leiten wollte.

Davon ist man längst abgekommen, weil ja ein Donaukraftwerk mehrere Aufgaben zu erfüllen hat: Natürlich soll es in erster Linie elektrischen Strom erzeugen. Daneben aber soll es den Schiffahrtsweg, der einmal, wie wir annehmen dürfen, quer durch Europa führen wird, verbessern. Und schließlich soll es die an der Donau gefürchtete Hochwassergefahr bannen.

Das Donaukraftwerk muß auf alle drei Aufgaben Rücksicht nehmen, und es besteht daher nicht aus einem simplen Wehr, sondern aus drei voneinander verschiedenen Bauteilen.

Da ist zunächst einmal der wichtigste, das Krafthaus. Es ist das Herz der Anlage, denn in ihm drehen sich die Turbinen und die mit ihnen gekoppelten Generatoren, die den Strom erzeugen. Über seine Einströmöffnungen stürzt das aufgestaute Donauwasser je nach Kraftwerk zwischen neun und sechzehn Meter tief auf die Schaufeln der Kaplan-Turbinen. Früher waren die Wellen der schnellaufenden Schaufelräder senkrecht angeordnet, die Generatoren saßen gleichfalls auf einer senkrechten Welle. Die Höhe der beiden stromerzeugenden Maschinen bestimmte die Höhe des Damms. Heute verwendet man waagrecht laufende Kaplan-Turbinen, die Generatoren sind in Strömungsrichtung dahinter montiert, und das bewirkt, daß der Kraftwerksbau niederer gehalten werden kann. Das wiederum freut die Naturschützer, die sich ganz niedere Bauwerke wünschen, um das Bild der wunderschönen Donaulandschaft so wenig als möglich verändert zu sehen.

Im Krafthaus wird also die Drehkraft der Turbinen in Elektrizität umgesetzt. Mit einer Spannung von 10000 Volt verläßt der Strom das Krafthaus und wird zu mächtigen Transformatoren – zu Strom-Umwandlern – geleitet, die ihn auf 110000 oder 220000 Volt hochspannen. Das muß man tun, weil nur »hochgespannter« Strom ohne große Verluste weithin – praktisch durch ganz Österreich – geleitet werden kann.

Ein Krafthaus ähnelt in nichts einem von Arbeitern, Ruß oder Lärm erfüllten Fabriksgebäude. Es gleicht fast einem menschenleeren Labor in einem Krankenhaus. Im Bedienungs- und Kontrollraum sitzt der diensthabende Techniker, vor und hinter sich hat er einige Dutzend Meßgeräte. Die Geräte sind zum Teil automatisch und zeichnen das, was sie messen, auf Papierstreifen auf. Es sind Daten vom Wasserfluß der Donau – ob er steigend oder abnehmend ist – von der Wasserführung wichtiger Nebenflüsse, von der Wassermenge, die in jedem Augenblick durch jede der Turbinen fließt (denn jedes Kraftwerk hat mehrere Turbinen), und von der abgegebenen Strommenge. Viele Vorgänge, die den Kraftwerksbetrieb regeln, sind bereits vollautomatisch und werden von Computern ausgeführt, die Oberaufsicht und damit die Verantwortung, daß alles richtig abläuft, hat der »Diensthabende«, und er wird wohl nicht so bald durch einen Computer abgelöst werden können.

Die Kaplan-Turbine ist erst in unserem Jahrhundert erfunden worden, und sie wurde, seit das erste Donaukraftwerk läuft, noch weiter verbessert und verändert. Die Herstellung der heute eingebauten riesigen stählernen Turbinenkolosse ist eine technische Meisterleistung, genauso wie ihr Transport zu Wasser, per Bahn und auf Tieflade-Lastwägen. Es ist ein Ruhmesblatt der österreichischen Industrie, ihrer Ingenieure und Arbeiter, daß die meisten Turbinen und alle Generatoren in österreichischen Fabriken hergestellt werden konnten. Es gab keine einzige ernsthafte Panne, von einer Fehlkonstruktion ganz zu schweigen.

Der zweite Bauteil ist die Wehranlage. Sie wird gewöhnlich zwischen dem Krafthaus und den Schleusen, also mitten in den Strom, gebaut. Sie besteht aus mehreren großen Öffnungen im Staudamm, die durch große »Wehrverschlüsse« abgesperrt bzw. geöffnet werden können. Vereinfacht ausgedrückt: Die Wehranlage läßt jene Wassermenge abfließen, die von den Turbinen nicht mehr geschluckt werden kann; je mehr Wasser durch die

Öffnungen in das »Unterwasser« fließt, desto niederer wird der Stauspiegel im »Oberwasser«.

Besondere Bedeutung erhalten die Wehranlagen, wenn die Donau Hochwasser führt. Da steigt die Strömungsgeschwindigkeit des Flusses, sein Gefälle wird stärker. Würde man beim Kraftwerk trachten, den Wasserstand auf gleicher Höhe zu halten, so würde die Donau überall im Stauraum stark ansteigen und die Dämme überfluten. Um dies zu verhindern, wurde in zahlreichen Berechnungen und in Modellversuchen ein genaues »Stauregelungsprogramm« ermittelt. Von einer gewissen Wassermenge an werden die Wehrverschlüsse geöffnet. Donnernd stürzen dann die überschüssigen Wassermassen zu Tal.

Um diesen Hochwasserabfluß zu sichern, müssen die Wehrfelder entsprechend groß und zahlreich sein. Die Ingenieure, die die Aufzeichnungen aller bekannten Hochwässer studiert haben, sagen, daß ihre Wehranlagen ausreichend sind, um auch eine Hochwassermenge, wie sie nur alle zehntausend Jahre auftreten könnte, ohne Schaden abzuleiten.

Während bei normaler Wasserführung in der Donau um die 1500 Kubikmeter pro Sekunde zu Tal fließen, würde die Wehranlage der Donaukraftwerke auch die zehnfache Menge – bis zu 14000 Kubikmeter pro Sekunde – noch ableiten können. Damit rechnet zwar niemand, aber es beruhigt.

Die Wehrfelder der meisten Donaukraftwerke sind 24 Meter breit (in Ybbs-Persenbeug wählte man dreißig Meter breite), und ihre Verschluß-Konstruktion ist mehrfach erprobt und abgesichert. Auch wird sie, wie alle Teile eines Kraftwerks, regelmäßig überprüft, wozu Laufkräne verwendet werden, die auf dem Damm hin- und herfahren und die schweren Maschinenteile, falls sie ausgewechselt werden müssen, heraufzuheben vermögen.

Zuweilen geben auch Donauschiffe Alarm: Sie sind bei Niedrigwasser an jenen Stellen der Donau, die noch nicht durch Kraftwerksrückstau einen höheren Wasserstand haben, auf Grund gelaufen. Sie ersuchen dann das nächstgelegene Kraftwerk, ihnen durch die Wehranlagen »Schwallwellen« stromab zu schicken. Mit Hilfe dieser Flut werden sie wieder flott und können ihre Donaufahrt fortsetzen.

Der dritte Teil eines Donaukraftwerks, das für die Schiffahrt wichtigste Bauwerk, sind die Schleusen. Man weiß ja, wie sie funktionieren; stromauffahrende Schiffe werden durch sie um die Fallhöhe des Kraftwerks gehoben, stromabfahrende gesenkt. So können die Schiffe die Stufe zwischen Oberwasser und Unterwasser überwinden. Das Kernstück jeder Schleusenanlage sind die Kammern. Sie sind an der Donau für den Europa-Kahn ausgelegt; ihre Breite beträgt 24, ihre Länge 230 Meter. Diese Abmessungen sind von der Internationalen Donaukommission, die einvernehmlich die Schiffahrtsbedingungen auf dem Strom regelt, vorgeschrieben worden.

Die Schleusenkammern sind beiderseits von mächtigen, hohen Betonmauern abgegrenzt, an den Stirnseiten sind die Schleusentore angebracht. Wird ein Tor geöffnet, kann das Schiff in die Schleusenkammer einschwimmen. Ist es drinnen, wird das Tor geschlossen. Ist ein Schiff unterhalb der Staumauer eines Kraftwerks in die Kammer eingefahren, muß es nun an die zehn Meter gehoben werden, damit es oben weiterfahren kann. Mächtige Maschinen pumpen die Kammer voll mit Wasser. Es dauert knappe fünfzehn Minuten, bis das Schiff, hoch oben über dem Unterwasser, in seiner Schleuse schwimmt. Hat der Wasserspiegel die richtige Höhe erreicht, so wird das stromauf gelegene Tor geöffnet und das Schiff verläßt die Kammer ohne jede Schwierigkeit.

Das hört sich einfacher an, als es ist. Das Hereinpumpen des Wassers muß ganz ruhig erfolgen. Es darf keine Strömung, kein Wirbel und keine Wellenbewegung hervorgerufen werden, sonst könnten die Schiffe gegen die Kammerwände getrieben werden, was zu schweren Beschädigungen führen würde. Es bedurfte der ganzen Kunst der Ingenieure, um diese Probleme zu lösen. Elektrische Schaltgeräte mit Radar- und Fernsehanlagen erleichtern den Schleusenvorgang und machen ihn sicherer.

Vor den Schleuseneinfahrten sind »Vorhäfen« eingerichtet. Sie haben keine Strömung und sind Warteräume für die Schiffe. Wie auf den Straßen der Städte gibt es auch hier rote und grüne Ampeln, die den Verkehr regeln.

Gegenwärtig dürfen Schiffszüge bis zu einer Länge von 185 Metern in die Schleusenanlage einfahren. Es bleibt dann immer noch ein Spielraum von 45 Metern. Wenn man bedenkt, daß die Laufbahn in einem Fußballstadion an einer Längsseite 100 Meter beträgt, kann man sich von der Größe einer solchen Schleuse erst einen rechten Begriff machen.

Wenn man kein Baufachmann ist, stellt man sich die Frage, wie man denn überhaupt inmitten eines strömenden Wassers so gewaltige Bauten errichten kann: Wird nicht der Strom alles, was man eben erst errichtet hat, wieder davonschwemmen? Und was tun, wenn ein Hochwasser herankommt und alles zu überfluten droht?

Darüber denkt man natürlich schon nach, wenn das ganze Projekt noch im Büro, auf dem Zeichenbrett, entworfen und durchgerechnet wird. Schon vor einigen Jahrzehnten, als die Ingenieure das erste Kraftwerk-Projekt, Ybbs-Persenbeug, konstruierten, beschäftigten sie diese Fragen. Man muß außerdem so bauen, daß in keinem Abschnitt der Arbeiten der Schiffsverkehr gestört wird.

Als 1954 mit dem Bau in Ybbs begonnen wurde, beschloß man, mitten im Strom kleine wasserdichte Baugruben, kleine Inseln gewissermaßen, zu schaffen. Ringsum sollte die Donau ungehindert weiterfließen. Das war in der Praxis eine recht mühevolle Arbeit. Tage- und wochenlang wurden Bohlen in den Flußgrund geschlagen. Wasserdichte Wände, sogenannte »Spundwände« entstanden, schlossen sich nach den Plänen der Ingenieure zu kleinen wasserdichten Räumen zusammen. Das darin zurückbleibende Donauwasser wurde ausgepumpt, und dann konnten die eigentlichen Arbeiten, die Betonierung der Fundamente, beginnen. So rasch als nur möglich wurden die Arbeiten vorangetrieben. Man konnte ja nicht wissen, ob nicht ein gefährliches Hochwasser kommen würde. Tatsächlich kam es, nicht nur 1954 – davon war schon mehrfach die Rede –, sondern auch 1965 und 1966, 1975 und zuletzt 1981.

Der Kraftwerksbau von Ybbs-Persenbeug bestand damals aus drei solcher mit Spundwänden abgedichteten Baugruben, in denen eifrig gearbeitet wurde. Als einziges Donaukraftwerk Österreichs befinden sich in Ybbs die Turbinensätze in zwei Krafthäusern, zu beiden Seiten der Wehranlage. Es ist eine Erinnerung an die Baugruben-Technik dieser frühen Jahre. Die beiden schweren Hochwässer von 1965 und 1966 erzwangen eine Überflutung der Baugruben. Damit wurde größeres Unheil abgewendet, die Bauarbeiten wurden verzögert, das bereits errichtete Bauwerk aber blieb weitgehend verschont, nichts wurde weggerissen.

Der Bau dieser Spundwände hat sich im Laufe der Jahre stark

verändert. Neue Materialien wurden angewendet. Man darf nicht vergessen, daß seit 1954, seit dem Baubeginn von Ybbs-Persenbeug, viele Kunststoffe neu entwickelt wurden. Für die Abdichtung der Spundwände wurden nun speziell entwickelte Plastikfolien verwendet, die Bohlen selbst konnten weitaus schwächer bemessen werden, und dennoch hielten die »Inseln« aus. Beim Bau des zweiten Kraftwerks in Aschach und bei allen späteren Spundwand-Arbeiten waren die Fortschritte gegenüber Ybbs erstaunlich, ein wahrer Spiegel des Fortschrittes unserer Zeit.

Der Kraftwerkbau aber suchte und fand ganz neue Wege. Zum erstenmal wurde beim Kraftwerk Wallsee-Mitterkirchen die ganze Anlage im Trockenen errichtet. Man wählte als Standort des Kraftwerks eine Flußkrümmung, eine Art »Schlinge«, aus. In der Sehne dieser Schlinge begann man zu bauen. Sobald das Kraftwerk fertiggebaut sein würde, wollte man als letzte Arbeit die Verbindung zum Strom herstellen und ihn durch sein neugeplantes Bett, durch das Kraftwerk hindurch, leiten. Diese Trockenbauweise bringt so viele Vorteile, daß man sie seither, wo immer es nur anging, anzuwenden beschloß. Man kann die riesige Baugrube – es gibt nur noch eine statt der vielen in Ybbs-Persenbeug und Aschach – in aller Ruhe gegen den Strom abschließen, man arbeitet die ganze Zeit über wie auf dem »Festland«, und man erspart sich das Einschlagen und – nach Abschluß der Arbeit – das Herausziehen Tausender von Stahl- bzw. Betonbohlen, die die Baugrube gegen das Wasser abgedichtet hatten.

Für die Schiffahrt ist die Trockenbauweise gleichfalls ideal; die Steuerleute fahren wie gewohnt im Strom und müssen sich keinen Deut um Baugruben kümmern.

Ist dann das Kraftwerk vollendet, beginnt man damit, die Donau in ihr neues, noch trockenes Bett zu leiten. Es ist der schönste Augenblick für die Ingenieure, die Baumeister, Poliere und Arbeiter, für die Maurer, Zimmerleute, Schlosser und Elektrotechniker, wenn das Wasser in sein neues Bett strömt, zum erstenmal die Schleusen füllt und durch die Turbinen läuft.

Aus dem alten Strombett, aus jener Schleife, deren Sehne die Donau nun durchfließt, wird ein Altarm, ähnlich wie es die Wiener Alte Donau wurde, als man im vorigen Jahrhundert den Durchstich durch eine solche Donauschlinge vornahm. Die

Donau in Wien ist solch eine »Sehne«, nur war die Technik damals nicht in der Lage, in diesen neuen Wasserlauf auch ein Kraftwerk einzubauen.

Größter Vorteil aller neuen Baumethoden aber ist die Verkürzung der Bauzeit auf derzeit dreißig Monate. Je kürzer die Bauzeit, desto geringer ist die Störung der natürlichen Umwelt der Donaulandschaft durch Baulärm, Baufahrzeuge und Menschen, desto schneller wird der frühere, ruhig-friedliche, vor Baubeginn bestehende Zustand wiederhergestellt. Auch das jüngste Kraftwerk Greifenstein wird in Trockenbauweise in der Sehne einer Donauschlinge errichtet.

Die Entwicklung der Baumethoden und die Beschleunigung des Arbeitstempos lassen heute auch schon Skeptiker aus den Reihen der Umweltschützer anerkennen: Schonender, rascher und zweckdienlicher geht es tatsächlich nicht. Und die Notwendigkeit des Donauausbaus ist ja im Grunde unbestritten. Niemand wird ernsthaft verlangen, daß wir, nachdem wir auf Atomkraftwerke verzichtet haben und Unsummen für Wärmekraftwerks-Brennstoffe ausgeben, auf Wasserkraftwerke verzichten sollen, deren Umweltfreundlichkeit kein Mensch bestreiten kann. Den Beweis dafür kann man sich überall dort holen, wo Donaukraftwerke schon Jahre, ja Jahrzehnte arbeiten. In den Stauräumen etwa. Die Umwelt ist nicht zerstört. Die Donau ist dort keine »Kloake« – wie mitunter befürchtet wurde. Es gibt ein natürliches Tier- und Pflanzenleben. Die Menschen sind zufrieden, die Kraftwerke haben die Lebensqualität nicht verändert, vielfach aber verbessert. Die Fotos in diesem Buch beweisen es.

XI. Was in den Stauräumen alles geschieht

Würden die Donaukraftwerke tatsächlich so vorgehen, wie es sich offensichtlich manche Leute vorstellen, und würden sie sagen: »Da bauen wir ein Kraftwerk hin – und basta!« – das Donautal würde heutzutage, da es bereits sieben österreichische Donaukraftwerke gibt, ganz schrecklich aussehen.

Es gehört zu den kompliziertesten und vielfältigsten Aufgaben, die Beeinflussung der Kraftwerke auf die Umwelt zu erfassen. Dabei geht es nicht allein und nicht in erster Linie darum, wie der Kraftwerkbau selbst aussehen und wie er das Landschaftsbild beeinflussen wird. Das wesentliche Problem ist das Abschätzen der Veränderungen im Stauraum, dort also, wo sich der Wasserspiegel um einige Meter hebt, dort, wo große, neue Wasserflächen mit geringer Strömung entstehen, wo neuerbaute Dämme die Ufer schützen müssen: Kann man hier Voraussagen treffen?

Es sind jahrelange Beobachtungen und praktische Versuche notwendig, damit man schließlich all jene Maßnahmen treffen kann, die der Landschaft wieder jenes Gesicht geben, das sie nach dem Wunsch der ringsum lebenden Menschen haben soll.

Beim Bau von Ybbs-Persenbeug und Aschach hatte man es verhältnismäßig leicht: Der Rückstau erfolgte in enge Täler hinein. Man mußte nur wenige und niedrige Ufer-Schutzdämme errichten. Die Hänge der die Donau begleitenden Berge sind die natürliche Begrenzung des Stausees gewesen.

Auch hier gab es aber Probleme. Viele Häuser, ja ganze Dörfer lagen dicht – und ziemlich tief – am Strom, Straßen führten direkt am Donauufer entlang, Bäche mündeten ein, es bestand die Gefahr, daß sie nun, da die Donau aufgestaut wurde, ihrerseits wieder einen Rückstau erleiden könnten. An einigen Stellen mußte auch auf Fähren Rücksicht genommen werden.

Am schwierigsten war es, die Auswirkungen der Stauzone auf den Grundwasserstand in der Umgebung zu ermitteln. Die Dämme müssen ja, sollen sie wirksam sein, in ihrer Mitte, ihrem

»Herzen« sozusagen, eine wasserundurchlässige Wand haben. Dieser Damm-Kern unterbindet zum Teil die natürliche Verbindung der Donau mit dem sie umgebenden Grundwasser. In naturbelassenem Gewässer steigt das Grundwasser in den den Strom umgebenden Böden mit der Donau. (In der Physik nennt man das das Gesetz von den »kommunizierenden Gefäßen«.)

Die Folgen eines Absinkens des Grundwasserspiegels konnte man im Marchfeld, der Getreidekammer im Osten von Wien, beobachten. Dort gibt es zwar keine Flußkraftwerke, durch verschiedene Ursachen aber ist der Grundwasserspiegel stark gesunken. Die Trockenheit der Felder nimmt zu, viele Landwirte fürchten, daß sie schon in naher Zukunft überhaupt nur mehr mit künstlicher Bewässerung eine Ernte erzielen können.

Solche Folgeerscheinungen mußten beim Kraftwerksbau an der Donau unter allen Umständen vermieden werden. Komplizierte Berechnungen waren nötig, ehe man den richtigen Weg fand, um die Uferbegleitdämme zu errichten, daß sie ein ausreichender Schutz bei Hochwasser sind und dennoch den Grundwasserspiegel konstant halten. Auch den gegenteiligen Umstand mußte man berücksichtigen: Steigt der Stauseespiegel, steigt auch das Grundwasser, dann werden die Kanäle der anliegenden Ortschaften aufgestaut, das schmutzige Abwasser fließt nicht ab und staut sich im Ort, zuweilen sogar in den Häusern.

In diesen Abwässern sind nicht nur die natürlichen Schmutz- und Klosettabwässer der Wohnhäuser enthalten, in ihnen sammeln sich auch viele Industrieabwässer, die die Gewässer sehr stark verschmutzen. Die schlechte Wasserqualität der großen Flüsse rührt von diesen mit Werks- und Ortsabwässern einmündenden Kanälen her. Die Großstädte an der Donau – Linz und Wien im besonderen – wären imstande, das Leben im Strom geradezu zu ruinieren, würden sie nicht Kläranlagen bauen.

Sowie daher an der Donau ein neues Kraftwerk entsteht, trägt man allen Gemeinden auf, ein supermodernes Kläranlagen-Netz aufzubauen, das ihr altes, möglicherweise durch die neuen Grundwasserverhältnisse gefährdetes, umweltfeindliches Kanalnetz ersetzt. Der Kraftwerkbau veranlaßt also, ja erzwingt geradezu die Durchführung von bedeutenden Verbesserungen. Das geklärte, gereinigte Wasser wird in neuen Kanalrohrleitungen dem Donaustrom zugeführt, es ist ja einwandfreies, sauberes, mit einem Wort: wünschenswertes Zuflußgut.

Noch komplizierter werden Berechnung und Ausbau von Staustufen, deren Damm in Flachlandgegenden errichtet wurde. Altenwörth beispielsweise liegt im ebenen Tullner Feld, Abwinden-Asten und Ottensheim in einer breiten Ebene des oberösterreichischen Donautals. Auch in Wallsee-Mitterkirchen könnte ein Rückstauwasser »ausufern«, wie der Fachmann das Aus-den-Ufern-Treten nennt.

Kilometerweit, so weit der Stau reicht, werden die Ufer durch Begleitdämme künstlich erhöht. Auch hier wieder: Die Dämme müssen durch technisch komplizierte und teure Vorhaben bis in große Tiefe abgedichtet werden. Nur so wird verhindert, daß der höhere Donauwasserspiegel auch in den umliegenden, urtümlichen Aulandschaften ganz neue Verhältnisse schafft: Wir wissen ja schon – der Grundwasserspiegel, der mit der Donau steigt und fällt, darf weder zu tief absinken noch zu hoch steigen. Im Stauraum aber würde er dauernd zu hoch liegen. Das hätte unerwartete und zumeist ungünstige Folgen für die Land- und Forstwirtschaft in den Auen: Wiesen würden »sauer« werden, Bäume, die allzuviel Wasser nicht vertragen, absterben, Brunnen kein einwandfreies Wasser mehr geben, sondern höchst zweifelhaftes Donauwasser. In den Kellern mancher Häuser würde Grundwasser auftreten. Deshalb werden die Dämme hier, im Flachland, besonders tief abgesichert, weil die Wirkung des Grundwasserspiegels weit ins Landesinnere reicht.

Hat man nun solche Dämme errichtet und steigt der Grundwasserspiegel nicht, dann wenden Forstleute, Jäger und Fischer, aber auch Umwelt- und Landschaftsschützer besorgt ein, daß nun den Donau-Auen das nötige Wasser fehlt. Eine Aulandschaft soll einmal im Jahr, auch öfters schadet ihr nicht, überflutet werden. Wenn ihre Bäume, vornehmlich sind es ja diverse Weidenarten, im Mai oder Juni, zur Zeit der Hochgebirgsschneeschmelze, bis zu den ersten Astgabelungen im Wasser stehen, dann scheinen sie das für ihr gesundes Wachstum zu brauchen. Also doch mehr Grundwasser in die Auen lassen? Aber dann treten doch außerordentlich viele Nebenwirkungen auf . . .

Die Kraftwerkbauer fanden einen Ausweg. Sie haben zunächst einmal die Auen studiert und herauszufinden getrachtet, wo man Donau-Hochwasser am zweckmäßigsten in den Auwald leiten könnte. An diesen Stellen – sie dürfen keine Bauwerke oder Straßen gefährden – hat man die Uferbegleit-Dämme bewußt

Ein sogenannter Stator, der stehende Teil eines Generators, während der Vormontage. In ihm läuft, wie bei einem Fahrraddynamo, der Anker, der »drehende« Teil, der sogenannte Rotor.

Oben: In den Abschnitten des »lebendigen Stromes«, wo das Fahren mit Motorbooten gestattet ist, kommen auch die Sportbootfahrer auf ihre Rechnung.
Unten: Donaukraftwerke sind sichere Energieerzeuger. Um die Betriebssicherheit zu gewährleisten und Anlagenteile unter Wasser prüfen zu können, sind auch ausgebildete Taucher im Einsatz.

Das Kraftwerk Wallsee-Mitterkirchen, an der Grenze der Bundesländer Ober- und Niederösterreich, ist ein Beispiel für die gelungene Einpassung solcher Anlagen in die Landschaft. Schloß, Siedlungsgebiet, Auwald und modernes Energiezentrum bilden eine harmonische Einheit.

Während des Baues sehen die Begleitdämme »nackt« und häßlich aus, wie hier im Bereich der Stufe Altenwörth, wo gerade die Asphaltdichtung mit Natursteinen abgedeckt wird.

Niemand würde hier ein »künstliches« Uferbauwerk vermuten, und dennoch ist auch diese Uferzone mit dem romantischen Wanderweg »Natur aus Menschenhand«.

Begrünter Begleitdamm im Oberwasser des Donaukraftwerkes Wallsee-Mitterkirchen.

Badeparadies für groß und klein (Stauraum Wallsee-Mitterkirchen).

Die Menschen an der Donau, die sich selbst von der Umweltgestaltung in bestehenden Stauräumen überzeugt haben, empfinden ein Kraftwerk in ihrem Lebensbereich nicht als störend. Festlich gestimmte Trachtengruppe bei der Eröffnung des Kraftwerkes Abwinden-Asten (Oberösterreich).

niedriger gebaut. Kommt nun ein Hochwasser, dann kann genau dort die Donau über das »Ufer« (ihren Stauraum) treten. Geeignete Kanalbauten leiten dieses überschüssige Wasser geschickt in alle Teile der Au. Der natürliche Zustand ist hergestellt, es ist so, als hätte der Donaustrom keinen Schutzdamm. Und die Au blüht und gedeiht wie eh und je.

Zuweilen erweiterte man diese Wasserableitungen zu sogenannten »Ausleitungsbauwerken«, die dann fast das ganze Jahr Wasser an die Umgebung abgeben; es wird zumeist zur Bewässerung von allzu trockenen Landschaften verwendet und trägt auch dazu bei, den Grundwasserstand »einzupegeln«. Alles soll und wird ja grundsätzlich darauf abgestellt, den Zustand, wie er vor der Errichtung der Staustufe war, wiederherzustellen.

Schwierigkeiten gibt es überall dort, wo größere Nebenflüsse in die Donau münden. Der Donauspiegel liegt ja nun wesentlich höher. Es gibt mehrere Möglichkeiten, um schädliche Folgen zu verhindern:

Man kann den Nebenfluß so regulieren, »umleiten«, daß er etwas stromauf, aber in die Staustufe einmündet. Es können elektrische Pumpwerke errichtet werden, die den Nebenfluß in den Strom pumpen, man kann einen Bach auch in einem »Begleitgraben« neben der Donau und ihrem Damm herleiten, so wie eine Straße neben der Autobahn her führt, und ihn dann unterhalb des Staudamms münden lassen; oder aber man gräbt dem Fluß ein ganz neues Bett, wie das bei dem großen Nebenfluß, der Traisen, geschehen ist, die nun einige Kilometer stromab, unterhalb der Staumauer von Altenwörth, in die Donau einmündet.

Für welche Maßnahme man sich entscheidet, das hängt von den jeweiligen Umständen ab und ist, neben der Frage des Naturschutzes, wohl auch eine Frage der Kosten.

Die Forderung der Landschaftsschützer geht immer wieder dahin, daß man der Donau eine vollkommen naturbelassene Uferböschung schaffe. Bei aller guten und berechtigten Absicht wird dabei übersehen: Kein einziger Meter der Donau-Ufer war vor der Errichtung der Donaukraftwerke naturbelassen. Überall, von Passau bis Preßburg, hat man schon im vorigen Jahrhundert, seit es Dampfschiffe gibt, die große Wellen verursachen, zwangsläufig die Uferböschungen mit großen, schweren Steinen gepflastert. Sonst wären diese Ufer längst durch den steten

Wellenschlag ausgehöhlt worden und immer wieder eingestürzt.

Eines freilich ist eingetreten: Die unverwüstliche Natur hat diese Steindämme immer wieder erobert. Bäume, Gras und Sträucher siedelten sich an, die ursprünglich blaugrauen Steine sind längst mit Moosen und Flechten bewachsen und scheinen nun gelbgrün zu sein. In den natürlichen, im Uferbelag entstehenden kleinen Höhlungen entwickelt sich ein reges tierisches Leben.

Der Kraftwerksbau und die damit verbundene Notwendigkeit, Dämme in den Stauzonen zu errichten, brachte zunächst, aber nur für vier, höchstens fünf Sommer, eine einschneidende Änderung mit sich. Überall dort, wo der Damm gebaut wurde, mußte man vorher die Bäume abholzen. Nahe am Ufer standen zumeist ohnedies nur sogenannte »Kümmerer«. Oft war es dichtes Unterholz, das entfernt wurde, damit die Erdarbeiten am Damm beginnen konnten. Kilometer um Kilometer bot sich nun allerdings ein wenig schönes Bild der unmittelbar am Ufer gelegenen Zonen.

Es zeigte sich andererseits auch ganz deutlich, daß der Strom offensichtlich schon seit Jahrhunderten von den Menschen in bestimmte Bahnen zu lenken versucht worden ist. Es sind keine natürlichen, sondern eher Linien, die man als »geometrisch« bezeichnen könnte, die die Ufer bestimmen.

Sowie die Ingenieure darangingen, die Uferdämme zu bauen, verwandelten sie sich in Landschaftsgärtner. Was, so fragten sie sich, macht die Ufer eines Flusses reizvoll? Antwort: Sie sind keineswegs eintönig, sondern sie wechseln ständig zwischen steinigen Stellen, Büschen mit Erdreich, künstlichen Mauern und natürlichem Felsgestein, dann wieder wächst ein höherer Baum, liegt ein Wiesenstück mit Blumen. So soll ein Flußufer sein. Und genauso wollten sie es gestalten.

Die Linienführung der neuen Rückstaudämme muß sich überall der natürlichen, alten, vom Strom und den Menschen vorgegebenen Uferlinie anpassen. Die neuen Dammbauer haben aber überall, wo es nur anging, gewisse Unregelmäßigkeiten in diese vorgegebenen Formen eingebaut. Weil nämlich, so sagten sie, das Regelmäßige als »unnatürlich«, das Unregelmäßige, Unerwartete aber als »naturbelassen« empfunden wird.

So entstanden kleine Buchten und kleine, in den Strom ragende Steinwälle, an vielen Stellen, meistens dort, wo früher einmal ein Fluß oder Bach einmündete, wurde ein Bootshafen für Sportler eingeplant.

Der Damm selbst hat zwei ganz verschiedene Seiten. Die eine, sie blickt stromwärts, muß, damit der Damm auch hält, mit Steinen belegt werden. Die Dämme werden bewußt mit ganz flachen Böschungen gebaut. Zum einen, um dem Wasser den besten Widerstand zu leisten, zum anderen, um das Landschaftsbild möglichst wenig zu stören. Je flacher, desto unauffälliger heißt hier die Losung.

Es sind nicht nur grobe Steine, mit denen man die donauseitige Böschung der Dämme belegt. An einigen neueren Dämmen sind Betonsteine verlegt worden, deren Gleichförmigkeit eine rasche Verarbeitung möglich macht. Zwischen den Fugen der Steine wachsen seit Jahren dichtes Gras und kleine Sträucher. Keiner der Kritiker, die dereinst gegen Betonsteine und ihre Verwendung loszogen, würde heute erraten, daß diese grünbewachsenen Dammböschungen Betonsteine als Untergrund haben.

Natürlich wächst auch auf der Steinböschung innerhalb weniger Jahre nicht nur Gras. Auch Bäume siedeln sich an. Gegen diese Bäume aber hat die Stromverwaltung einige gewichtige Einwände. Bäume bilden in einem Hochwasser führenden Gewässer ein Hindernis. An ihnen staut sich die Flut; wenn das Wasser sich in ihren Baumkronen verfängt, bildet es Wirbel und hält anderes Treibgut auf, bis sich ein echtes Hindernis herausbildet. Auch zerstören die Wurzeln vieler Bäume den Unterbau der Dämme. Hier steht der Landschaftsschutzgedanke gegen Sicherheitsüberlegungen. Mit dem Bau und der Pflege der Uferlandschaften durch die Kraftwerkerbauer haben diese Überlegungen nichts zu tun. Wenn die Stromverwaltung junge, anwachsende Bäume auf den Dammböschungen fällen läßt, so ist das ausschließlich ihre Sache.

Auf der Dammkrone, die zumeist viereinhalb Meter breit ist, wird ein Weg angelegt. Er gilt in den Staustufen an der Donau heute längst als idealer Ausflugs- und Radwanderweg. In den Aulandschaften führt er mitten durch das nach wie vor unberührte Gebiet der lichten Wälder. Wege führen in die Au zu kleinen verborgenen toten Armen und Tümpeln. Wer die Kraft der Natur und die wild wuchernde Vegetation in einer Aulandschaft kennt, der wird sich nicht wundern, daß man heute, nur eineinhalb Jahrzehnte nachdem das Kraftwerk Wallsee-Mitterkirchen in Betrieb ging, nicht mehr genau feststellen kann, wo die Donau einstens jene große Schleife machte, in deren Sehne das Kraftwerk liegt. Dicht verwachsen ist alles, Wiesen und Wälder, unterbrochen von Altwasser und einem Begleitbach, lassen auch den Ingenieur, der einst hier Bauleiter war, zuweilen überlegen, wo denn damals die Donau dahinströmte.

Die vom Fluß abgewandte Seite der Dämme ist ebenfalls äußerst flach angelegt. Der Querschnitt des Dammes ist ein Kompromiß zwischen dem, was zur Sicherheit erforderlich, und dem, was landschaftsgerecht ist. Dazu kommt noch die Forderung der Kraftwerkserbauer (die ihrerseits wieder dem Staat, und dieser wieder dem Steuerzahler Rechenschaft ablegen müssen), daß nicht zu teuer, sondern so billig als nur irgend vertretbar gebaut werden soll. Breitere Dämme würden den Ankauf von weit mehr Grundstücken erfordern, als dafür Geld vorgesehen ist. So hat man zu dem bewährten Modell gefunden, wie es nun an allen Kraftwerksstaustufen errichtet worden ist. Ein unauffälliges, wie ein Erdwall wirkendes Bauwerk, dessen landwärts gelegene Seite mit dichtem Gras, mit Bäumen und Sträuchern bewachsen ist.

Bei den Kraftwerkserbauern haben sich bestimmte Richtlinien herausgebildet, wie man in Auwäldern vorgeht, um möglichst rasch das alte Landschaftsbild zu erhalten. Zunächst einmal wird der Damm mit Auerde (es ist eine Art von besserem Donauwellsand) bedeckt, und zwar bis zu zwanzig Zentimeter. Danach werden verschiedene Pflanzensamen gesät und Stecklinge gepflanzt, doch der Erfolg ist nicht immer gegeben und die Versuche müssen, mühevoll genug, mehrmals wiederholt werden.

Das liegt nicht zuletzt daran, daß die Bauern, die das Gras der Dammböschung mit ihren Maschinen mähen, auf die jungwachsenden Bäume und Sträucher nicht achten, ja nicht achten können. Jeder Baum und jede Strauchgruppe bildet ein Hindernis und wird, ohne daß es der Mähende merkt, mit abgeschnitten. Tausende solcher junger Bäume wurden dadurch wieder vernichtet.

Eine ebenso große Gefahr stellt das Vertrocknen dar. Ein Damm muß, soll er wirksam sein, das außerhalb fließende Wasser abhalten. Es gelangt daher auf keinen Fall an die landseitige Böschung des Dammes, und die dort eingesetzten Bäume und Sträucher drohen zu vertrocknen. Man muß sie daher künstlich bewässern, sprich: gießen. Wie aber soll das praktisch und angesichts der hohen Lohnkosten durchgeführt werden? Es gibt zudem nicht genug Arbeiter, die bereit wären, sich dieser Arbeit zu unterziehen. Daher verdorrt eine ganz erhebliche Menge von neuen Gewächsen. Man muß das Zusammenwachsen der umgebenden Pflanzenwelt mit der Vegetation auf dem Damm vor allem dem Wirken der Natur überlassen. Der Mensch kann dieses Geschehen leider nur beschleunigen, nicht aber restlos beeinflussen.

Der Mensch aber ist ungeduldig, wenn es darum geht, die Natur zu beobachten. Er glaubt, daß man schon in ein paar Wochen den Erfolg von Neupflanzungen sehen kann. Da das nicht der Fall ist, und weil es einige Sommer dauert, bis die gewiß recht häßlichen Narben der Bautätigkeit verwachsen sind, verlieren die Naturfreunde vollends die Geduld und werden ungerecht. Sie behaupten, daß die Donaukraftwerke die Natur verunstalten.

Das trifft und kränkt ganz besonders die vielen Gartenfachleute, Forstmänner und Arbeiter, die im Auftrag der Donaukraftwerke an der Wiederbegrünung arbeiten. Sie tun das mit viel Liebe, und sie sind genauso daran interessiert, daß die Aulandschaft wieder so wird, wie sie früher einmal war. Nur – als Fachleute wissen sie um die Zeit, die das alles braucht. Sie erwarten von der Kraft der Natur keine Wunder. Sie tun aber alles, damit wenigstens ein kleines »Wunder« – die Beschleunigung des Wachstums – erreicht werden kann.

Zum ursprünglichen Natur- und Landschaftsbild, das wiederhergestellt werden soll und muß, gehört auch die Tierwelt. Es versteht sich von selbst, daß der Lärm der großen und schweren Baumaschinen, der Bagger und Kräne, der überschweren Lastautos, die vielen Monate der Bauzeit hindurch die Tiere des Waldes vertreibt, »vergrämt«, wie es in der Weidmannssprache heißt.

Der Auwald ist reich an verschiedenen Tierarten. Hirsche und Rehe, Füchse, Dachse, Wiesel, Fischotter und Bisamratten, Igel, Schlangen und zahlreiche Kleinnager bevölkern die lichten Wälder. Dutzende Vogelarten, die am und vom Wasser leben, nisten in den Dickichten und Schilfwänden an den Altwassern und Tümpeln. Sie alle verziehen sich, sowie die Bauleute anrükken, in entferntere Teile der Landschaft. Der Baubezirk wird daher immer so eng als möglich bemessen, damit die Tiere des Auwaldes Ausweichmöglichkeiten finden können.

Zweieinhalb Jahre dauert es heute, bis die letzten Baumaschinen abtransportiert werden, bis der letzte LKW über die Werksstraßen poltert, und bis das Donauwasser wieder ruhig, nahezu lautlos, und mächtig talwärts fließt. Die das Ufer begleitenden neuen Dämme werden dann, wie die Erfahrungen an den sieben Donaukraftwerken zeigen, von vielen Tieren gerne aufgesucht. Die Dammbauer lassen absichtlich immer wieder kleine Einbuchtungen und höhlenartige Nischen in dem Dammgefüge, und es hat sich gezeigt, daß sich darin verschiedenste Tiere ihren Nistplatz suchen, sowohl Landtiere wie auch Vögel. In den Dammvertiefungen unter Wasser kann eine reiche Wassertierwelt entstehen, die ihrerseits wieder den Fischen zur Nahrung dient.

Jäger haben oftmals beobachten können, daß das Wild auch größere Flußläufe schwimmend überquert, um zu neuen Futterplätzen zu kommen. Würde man, wie das in einigen Kraftwerksbauten außerhalb Österreichs geschehen ist, die Wände der Staustufen mit glattem Beton verkleiden, so könnten die Rehe und Hirsche nicht aus dem Wasser herausklettern; es käme zu einem verzweifelten Kampf des schwimmenden Wildes ums Überleben: Die Tiere versuchen, wie man beobachtet hat, immer wieder, bis zur völligen Erschöpfung, an der glatten Betonmauer emporzuklimmen. Ein qualvoller Ertrinkungstod ist die Folge. Aus diesem Grund werden die Dämme der Donaukraftwerke mit griffigem Steinwurf versehen. Fast überall können die den Fluß oder Altarm überquerenden Wildtiere das Ufer erklimmen. Damit wird auch das Wechseln des Wildes, wieder zurück ins alte Revier, erleichtert. Weidmänner, die die Auen rund um eines der Donaukraftwerke drei Jahre nach dem Ende der Bauarbeiten besucht haben, stellten einhellig fest, daß sich sowohl die Landtierwelt wie die Vogelwelt wieder so entwickelt hat, wie sie vor dem Kraftwerksbau existiert hat.

Das gilt übrigens auch für jene Grundstücke in den Stauräumen, die landwirtschaftlich genutzt werden. Äckern und Wiesen merkt man in nichts an, daß sie für einige Zeit vom Baugeschehen stark beeinträchtigt gewesen sind. Meßgeräte, die von den

Donaukraftwerken in großer Zahl an allen geeigneten und wichtigen Punkten in der Landschaft aufgestellt werden, geben ein klares Bild über die klimatischen Verhältnisse: Ob es feuchter oder trockener wurde, ob mehr oder weniger Regen fällt, ob die Sonneneinstrahlung größer oder geringer ist. Andere Meßapparate wiederum beobachten die Zu- und Abnahme des Grundwassers. Tausende von Messungen werden gesammelt und studiert; ihre Ergebnisse dienen dazu, in kritischen Fällen sofort Abhilfe zu schaffen, man verwendet aber die Erfahrungen auch dazu, um sie beim nächsten Kraftwerksbau – derzeit also in Greifenstein – auszuwerten und anzuwenden.

Dazu gehört die Beobachtung der neu gesetzten Bäume und Sträucher, und das ist eine ganze Menge. Allein für den Stauraum des Kraftwerks Ybbs-Persenbeug wurden 16000 Bäume und 60000 Sträucher neu gepflanzt; in Ottensheim-Wilhering hat man gar 30000 Bäume neu gesetzt. Auch sie werden genau beobachtet, und man versucht festzustellen, welche Baumarten sich am günstigsten entwickeln. Man kann nicht nur Weiden pflanzen. Von ihnen weiß man zwar, daß sie am Wasser gut gedeihen, aber es müssen auch andere Pflanzenarten erprobt werden: Denn das Geheimnis, weshalb ein Landstrich natürlich aussieht, ist die Vielfalt, die die Natur uns in ihrem Pflanzenwuchs beschert. Die Landschaftsgestalter haben sich diesen Grundsatz zu eigen gemacht, und so wechselt denn die Uferlandschaft zwischen dichtem Wald und kleinen Wiesen, führt an kleinen Tümpeln und Begleitgerinnen vorbei, läßt den Blick auf Birkengruppen, auf niedrige, geduckte Weidengebüsche frei und bietet immer wieder neue schöne Blicke auf den ruhig dahinfließenden Strom, der fast überall von Wildenten und Schwänen belebt ist. Immer wieder hat man auch das Glück, weit seltenere Wasservögel zu sehen. Sogar die selten gewordenen Uferschwalben nisten Jahr für Jahr in Erdröhren in unmittelbarer Nähe des Kraftwerkes Abwinden-Asten.

Es war gar nicht notwendig, die Landschaften zu beiden Seiten der neuen Stauräume als »Ausflugslandschaften« anzupreisen oder gar dafür zu werben. Die Menschen, die in den Dörfern und Städten am Strom wohnen, haben sehr rasch die Schönheiten der neuen Ausflugsgebiete erkannt und schon beim ersten Besuch feststellen können, daß es hier Dutzende Kilometer lange verkehrs- und staubfreie Wanderwege gibt – die Straßen auf den Dammkronen –, und daß man mühelos unberührte Aulandschaften zu erreichen vermag.

Mehr noch: Durch die Umleitung des Stroms sind alte Inseln und alte Hochwassergerinne sozusagen übriggeblieben. Schon beim Ausbau der Staustufen hat man daran gedacht, sie in die neuen Ausflugslandschaften einzubeziehen und aus ihnen wirklich einwandfrei benutzbare Badeteiche und Bootsanlegeplätze zu machen. Nur der seltene Typ von Naturwanderer, der die absolute Einsamkeit suchte, konnte früher einmal in der Wildnis der Auen einen Badeplatz finden. Die meisten Menschen erwarten überdies an ihrem Badeplatz ein Minimum an Bequemlichkeit – einen trockenen Rastplatz auf einem Stückchen Wiese, einen Einstieg ins Wasser ohne gefährliche, spitze Wurzelreste oder Steine: Das alles haben sie nun in den neuen Badeteichen und -seen.

Ein gutes Beispiel ist der Donauarm, Hößgang genannt, in der Staustufe von Ybbs-Persenbeug. Vor dem Kraftwerksbau war er – und daran sollten sich die Landschaftsschützer stets erinnern – den größten Teil des Jahres eine öde Schotterwüste, auf der nur hin und wieder ein paar Buben herumstolperten. Heute ist der Hößgang vom Strom durch einen wiederbewachsenen Damm getrennt, ein sauberes, von Bäumen und Grünanlagen, von Auwäldern gesäumtes Stück Natur, das jahraus, jahrein von Tausenden Wassersportlern aufgesucht wird. Und solche Badeplätze gibt es von Jochenstein bis Altenwörth zu Dutzenden. Selbstverständlich sind die Zufahrtswege über die Dammkronen ideale Radwanderwege. Auch Anfänger, auch Kinder können hier gefahrlos das Radfahren üben und lernen. Und immer wieder begleitet sie alle, die Badelustigen und die Wanderer, die Radfahrer und die Jogger, der majestätisch fließende Strom, belebt von Schleppzügen, die zu jeder Tages- und Nachtzeit stromauf, stromab fahren.

Die alten Schotterteiche beiderseits der Baustellen füllten sich innerhalb weniger Monate mit glasklarem Wasser. Auch sie wurden zu bevorzugten und beliebten Freizeitzentren. Der Badeteich Brandstatt bei Aschach etwa erfreut sich größter Beliebtheit. Auch für die FKK-Freunde, die sich früher einmal auf versteckten Donauinseln aufhalten mußten, ist viel geschehen. So etwa gibt es im Stauraum Ottensheim-Wilhering ein großes FKK-Zentrum, das alle Freunde dieser Freizeitkultur aus dem Großraum Linz aufzunehmen vermag.

Die Gemeinden, in deren Bereich neue Sportzentren liegen, haben in fast allen Fällen gerne mit den Donaukraftwerken zusammengearbeitet und ihren Teil zur Erschließung beigetragen, indem sie beispielsweise die sanitären Anlagen und Kabinen erbaut haben.

Da erst auf den Staustufen der Donau das Rudern, Segeln und Motorbootfahren zum richtigen Vergnügen wurde, weil ja die starke Strömung weggefallen ist, wurden auch allenthalben Bootshäfen errichtet. Niedrige Steindämme schützen vor dem dauernden Wellenschlag, den vorüberfahrende Schleppzüge verursachen. Dutzende Segler, Ruderboote und Motorboote liegen hier vor Anker. In Mautern, in Krems und nächst Traismauer sind solche Anlagen den Benützern übergeben worden.

Während sich die Motorbootfreunde darüber freuen, daß sie, die man von den meisten Seen ausgeschlossen hat, nun auf der Donau dahinfahren können, soviel sie wollen (und soferne sie die entsprechenden Motorboot-Führerscheinprüfungen gemacht haben), gibt es eine starke Bewegung der Naturschützer, die die Ansicht vertreten, man solle auch auf der Donau den Motorbootsport stark einschränken, wenn nicht gar verbieten. Dazu freilich haben die Kraftwerkserbauer nichts zu sagen, es ist auch kein Problem, für das man sie verantwortlich machen könnte.

Die Fremdenverkehrsgemeinden in den Stauräumen des romantischen Strudengaus (oberhalb von Ybbs-Persenbeug), des Donautals stromauf von Aschach und im Stauraum von Wallsee-Mitterkirchen haben befürchtet, die aufgestaute Donau werde ihre Anziehungskraft für die Fremden vermindern. Das Gegenteil ist eingetreten; sowohl der aus vielen wunderschönen Barockhäusern bestehende Ort Aschach wie auch das bezaubernde Städtchen Grein – um nur zwei Mittelpunkte des Fremdenverkehrs zu nennen – haben die Zahl der einkehrenden Touristen vervielfältigen können. Die Gasthäuser liegen nun, da der Stauwasserspiegel ein Höherrücken der Wohnstätten notwendig machte, über der Wasserfläche. Sie bieten dem Gast einen herrlichen Blick auf den Strom. Dem modernen Autotourismus Rechnung tragend, konnten fast überall, wo die Donau durch Dämme aufgestaut worden ist, auch neue große Parkplätze errichtet werden. Im Stauraum des Kraftwerkes Melk haben es die Ufergemeinden – etwa Marbach – schon jetzt zu schätzen gewußt, daß sie Vorteile zu erwarten haben. Die Erfahrungen haben ihnen bereits klar gezeigt, daß es nur ein paar Jahre dauert, bis auch die letzten »Narben« des Baugeschehens hinter neuen Bäumen und unter Gartenanlagen verschwunden sind.

Und – was gewiß nicht zu verachten ist – die erschreckend hohen Hochwassermarken an den Hauswänden sind nur noch eine Erinnerung an längst vergangene Tage.

Nur wer nicht am Strom leben muß und nicht der Gefahr ausgesetzt ist, daß sein Eigentum Jahr für Jahr von den wilden Hochwassern der Donau weggeschwemmt wird, der mag die neuen Dämme beklagen. Die Uferbewohner wissen es zu schätzen, daß sie nun geschützt sind vor solchen Katastrophen. Um so mehr, als man ihnen, ohne lange kleinlich zu handeln und zu feilschen, bestimmte Verluste, die sie notwendigerweise erleiden mußten, sofort ersetzt hat.

Schon lange, ehe die erste Wasserrechtsverhandlung festgesetzt wird, trachten die Vertreter der Donaukraftwerke, mit den betroffenen Anrainern des neuen Werkes eine gütliche Einigung zu treffen. Das gelingt fast stets, und die Vertragspartner der Kraftwerke haben inzwischen gern zur Kenntnis genommen, daß sie von den Donaukraftwerken nicht übers Ohr gehauen werden. Deshalb hört man auch von den Menschen am Strom die wenigsten Einwände gegen den Kraftwerksbau.

XII. Die Qualität des Donauwassers

Werden wir, so fragen Hunderttausende Menschen voll Sorge, in hundert Jahren noch einwandfreies, gesundes Wasser auf unserem Planeten haben? Nichts bereitet den Umweltfachleuten so viele Sorgen und Probleme wie diese Frage. Tagtäglich liest man in den Zeitungen und hört Experten in Radio und Fernsehen, daß dieser oder jener Fluß und See mit all seinen millionenfachen Tier- und Pflanzenleben ruiniert wurde, daß er nun ein toter Lauf, ein stinkender, verseuchter Tümpel ist. Vom Mittelländischen Meer sprechen manche Fachleute nur noch als von der »Kloake Europas«.

Die Hüttenwerke und die chemische Großindustrie verseuchen die Atmosphäre mit Schwefelabgasen, die sich ihrerseits mit dem Regen zu schwefeligsauren Verbindungen vereinen und dann als »saurer Regen« auf unsere Felder und Wälder niedergehen; die Abgase der Großindustrie in der Bundesrepublik Deutschland regnen erst in unseren Gegenden ihre sauren Abfallprodukte herab.

Da die Beseitigung solcher Schadstoffe den Einbau von horrend teuren Filteranlagen erforderlich macht, scheuen die Verursacher – eben die großen Fabriken – davor zurück, diese gewaltigen Summen aufzubringen, die ja keinen Mehrgewinn erbringen, wie etwa neue Produktionsstätten. Nun hat sich aber in der ganzen Welt das Prinzip durchgesetzt, daß derjenige, der Umweltschäden verursacht, sie auch beseitigen muß. Daher liegt die ganze Last der Verantwortung bei den »Verursachern«.

Es fehlt niemals an warnenden Stimmen, die der Donau ein ähnliches Schicksal vorhersagen wie dem deutschen Fluß Main oder gewissen Teilen des Rheins und seines Nebenflusses, der Ruhr: Durch verschmutztes, verseuchtes Wasser verändert sich die Vegetation, sterben die Fischarten aus oder wandern ab, und zurück bleiben tot dahinfließende, gelbe, übelriechende Gewässer.

Es sind in erster Linie die Abwässer der chemischen Industrie, der Papier- und Zellulosefabrikation und der Zuckerfabriken, deren Abwässer das Leben in den Flüssen ruinieren. Allein schon die Verfärbung des vor solchen Fabriken klaren Wassers gibt zu denken: Gelb oder braun, zuweilen auch rot, giftgrün oder leuchtend blau fließt es dahin und bildet überall dort, wo es einstens fröhlich über Steine sprang, einen widerwärtigen Schaum, der in trägen Blasen stromab treibt.

Die zweitgrößte Verunreinigung stammt aus den Abwässern all jener Orte, deren Kanäle durch keine Kläranlage geleitet werden. Die Wasch- und Geschirrspülmittel, die vielen anderen Haushaltshilfen ebenso wie die Verunreinigung durch Öl und Benzin der Autos und Motorräder – all das muß, will man etwas zur Reinhaltung der Gewässer tun, in modernen Kläranlagen zurückgehalten werden.

Man hat zeitweilig gemeint, daß das Donauwasser, das in den Stauräumen viel langsamer dahinfließt, als es früher der Fall war, besonders dazu neige, abzusterben und zum leblosen, stinkenden Strom zu werden. Der Verdacht ist ja naheliegend, daß ein langsam fließendes Gewässer viel schwerer mit verseuchten Zubringergewässern fertig wird, als ein rasch dahinschießender Strom, der die einfließende Giftmenge rasch verteilt.

Natürlich haben die Kraftwerkserbauer darauf ganz besondere Rücksicht genommen, weil sie sich ja der drohenden Gefahr bewußt waren. In jeder Staustufe mit ihren vielen Orten wurden lange vor Baubeginn Proben aller nur möglichen Zuflüsse entnommen und analysiert. Im Einvernehmen mit den Bürgermeistern und Gemeinderäten wurden moderne Kläranlagen geplant und gebaut, Fabrikabwässer, die über Nebenflüsse in die Donau gekommen wären, wurden in verschiedener Weise gefiltert. Mit einem Wort: Die Wasser der Staustufen sind nach deren Fertigstellung sauberer, als sie es vorher je gewesen sind.

Die zuständigen Behörden im Land- und Fortwirtschaftsministerium haben sich gründlich mit der Frage des reinen Wassers, der »Gewässergüte«, befaßt. Man hat vier Stufen der Wasserqualität aufgestellt; und sie werden biologisch (also auf die in ihnen lebenden Tiere und Pflanzen), chemisch-physikalisch (auf die in ihnen enthaltenen Chemikalien) und hygienisch-bakteriologisch (nach den Fäulnisstoffen und Bakterien) beurteilt. Zu den Meßwerten zählt u. a. auch der Sauerstoffgehalt je Liter, der Sauerstoffverbrauch in 48 Stunden sowie der Schwefelwasserstoffgehalt (Schwefelwasserstoff ist ein unangenehm nach faulen Eiern riechendes giftiges Gas).

Güteklasse I hat kaum verunreinigtes Wasser, die zweite Kategorie, Güteklasse II, ist ein mäßig verunreinigtes Gewässer, dessen Zusammensetzung hingenommen wird und durchaus nicht beunruhigend ist.

Anders bei den beiden nächsten Klassen III und IV: »Stark bzw. außergewöhnlich stark verunreinigte Gewässer.« In ihnen beginnt bereits der Tod allen Lebens, der Sauerstoffgehalt des Wassers sinkt auf ein Viertel bis ein Achtel, dafür aber steigt der Gehalt an dem schon erwähnten Schwefelwasserstoff und an Ammonium-(Salmiak-)Produkten.

Ebenso steigen in den einzelnen Güteklassen die Bakterienkolonien von rund 500 in Güteklasse I bis über eine halbe Milliarde in der schlechtesten Güteklasse.

Nun hängt die Güteklasse eines Gewässers keineswegs von seiner Laufgeschwindigkeit ab. Die Mürz etwa, gewiß ein rasch fließender Gebirgsfluß, erreicht in ihrem Unterlauf, der vielen Industriebetriebe wegen, nur die Klasse III. Die Mur war lange Zeit Österreichs meistverschmutzter Fluß und hatte zwischen Leoben und Bruck nur die Güteklasse IV – also schon am Rande des Absterbens jeglichen Lebens –, obwohl die Mur durchaus nicht langsam fließt.

Ein Wasserfachmann hat einmal den Vergleich geprägt, daß die Schnelligkeit, mit der ein Sportler laufen kann, durchaus nichts über seinen Charakter aussagt: Er kann böser veranlagt sein als alle seine langsameren Sportfreunde. Ähnlich liegen die Dinge bei den Langsamfließstrecken des Donaustroms. Natürlich verändern sich beim Aufstau des Stroms die natürlichen Lebensbedingungen im Wasser. Dies aber ist, wie man aus dem Kraftwerkbau an zahlreichen Flüssen in ganz Europa weiß, von Fall zu Fall, von Stauraum zu Stauraum verschieden. Eines steht fest: Auch in den Stauräumen steht das Gewässer nicht. Sie sind, technisch gesehen, daher keine Stauseen, sondern werden von den Fachleuten richtigerweise »Laufstaue« genannt.

Als die Donau noch keine Kraftwerkskette hatte, war sie in ganz Österreich durchaus noch als Gebirgsfluß anzusehen. Erst in Ungarn ändert sie rasch ihren Charakter und wird ein Flachlandstrom. Nach ihrem Aufstau aber fließt sie ruhig dahin, wie ein Niederungsfluß.

Niederungsflüsse haben eine ganz andere Gemeinschaft von Tieren und Pflanzen entwickelt. Lebensformen, die im Gebirgsfluß mit seiner schnellen Strömung und seinem starken Sauerstoffaustausch vorkommen, ziehen sich zurück, wenn die Verhältnisse anders werden. Aber auch der gegenteilige Vorgang wird beobachtet: Neue Arten von Fischen, Pflanzen, Mikroorganismen in tausenderlei verschiedenen Formen wandern in die Langsamfließstrecken ein, denn diese sind ihre eigentliche Heimat. Sie fühlen sich nun in den »Laufstauen« genauso wohl wie etwa in Ungarn oder in Rumänien, und von einem »Absterben« des Lebens in den Stauräumen kann nicht gesprochen werden, wohl aber hat sich die Art des Lebens im Wasser verändert.

Da in den Stauräumen der Austausch zwischen der Gewässeroberfläche und den tieferen Wasserschichten vermindert ist, vermindert sich auch die Sauerstoffaufnahme aus der Luft. Das hat bei einem Flußwasser der Güteklassen I und II keinerlei Bedeutung. Der Sauerstoffhaushalt reicht aus, um die im Langsamwasser lebenden Pflanzen und Tiere zu versorgen. Der schwächere Sauerstoffaustausch aber wirkt sich ungünstig aus, wenn das Wasser allzu stark mit fäulnisfähigen Stoffen angereichert ist. Der Sauerstoff wird dann verbraucht, um diese Substanzen zu »verbrennen«, zu oxydieren, wie der Chemiker sagt, und es tritt Sauerstoffmangel ein; dies kann zu absolutem Sauerstoffmangel führen, und dann ist das Gewässer tot.

Es ist daher klar, daß alles getan werden muß, um das Donauwasser zumindest in der Güteklasse II zu halten. Wir haben ja schon erwähnt, daß die Arbeiten an Klär- und Abwässeranlagen nur diesem Zwecke dienen. So zeigt denn auch eine Gewässer-Gütekarte Österreichs, daß die Donau von Passau bis Wien durchwegs jene angestrebte Klasse II aufweist, und selbst unterhalb Wiens, dort, wo früher einmal der Unrat von zwei Millionen Menschen in den Strom mündete, ist durch die Inbetriebnahme diverser Kläranlagen eine deutliche Verbesserung zu erwarten.

Das Langsamwasser der Donau hat auch ihren Fischbestand verändert. Wieder gilt das schon vorhin Gesagte: daß sich der Strom vom Gebirgs- zum Flachlandfluß verändert hat und daß damit auch alle jene Fischsorten eingewandert sind und sich stark vermehren, die man vordem nur am Mittellauf und Unterlauf der Donau finden und fischen konnte.

Diejenigen Fische, die schnellfließendes Wasser bevorzugen, sterben aber gleichfalls nicht aus, sie vermindern nur ihre Zahl, werden aber hinreichend durch andere Arten ersetzt. Im Einvernehmen mit den staatlichen Fischereibehörden und zahlreichen Fischerverbänden und -klubs haben die Donaukraftwerke überall, wo sich die neuen Staustufen gebildet haben, Zehntausende Jungfische ausgesetzt, um die Veränderungen im neuen Lebensraum rascher ausgleichen zu können. In die Staustufe Aschach etwa wurden 50000 Hechte, 61000 See- und Regenbogenforellen sowie über 28000 Zander (einer der begehrtesten Donaufische) ausgesetzt. Im Stauraum Ybbs-Persenbeug, um ein zweites Beispiel zu nennen, hat man 20000 Pigment-Aale, 30000 Hechte, 20000 Karpfen, 11000 Zander und 4000 Sterlets ausgesetzt. Der Sterlet, eine Fischart, die zur Gattung der begehrten Störe gehört, ist der typische Fisch der unteren Donau. Er hat sich in den Stauräumen besonders gut entwickelt und zählt schon zu den wertvollsten Beutestücken der Berufs- und Sportfischer.

Ohne diesen Fischbesatz würde die Donau das verlieren, was die Naturschützer das »ökologische Gleichgewicht« nennen: Also jene naturgegebene Ordnung, in der die Lebensbedingungen die Lebensmöglichkeiten der Lebensformen bestimmen. Diesen Grundsatz aufrechtzuerhalten, dienen all die vielen, zuweilen sündteuren Maßnahmen, die die Donaukraftwerke durchführen.

Im übrigen müssen alle Menschen, die beiderseits der Donauufer wohnen, das Ihre dazu beitragen, um den Strom gesund und lebendig zu erhalten. Die Donaukraftwerke sind allein dazu nicht in der Lage, es fehlen ihnen auch die gesetzlichen und finanziellen Voraussetzungen.

Was soll man etwa mit dem sogenannten »Zivilisationsmüll« oder »Sperrmüll« anfangen, mit jenen riesigen Abfallmengen, die achtlos in den Donaustrom geworfen werden? Es sind zumeist Plastikerzeugnisse, Flaschen, Säcke, das unverwüstliche, im Wasser schwimmende, federleichte Verpackungsmaterial Styropor, aber auch Autoreifen, Polstermöbel, Tierkadaver und Werkstattabfälle verschiedenster Art.

Sie alle treiben mehr oder weniger schnell durch die Stauräume, mit ihrer Unzerstörbarkeit geben sie zwar ein schönes Beispiel für die menschliche Erfindungsgabe ab, die dauerhaftes Material zu erzeugen vermag, für die Donaukraftwerke aber sind diese Abfälle ein großes Problem. Würde dieser »Sperrmüll« in die mit rasender Geschwindigkeit laufenden Turbinen gelangen, die Folgen könnten verheerend sein. Deshalb hat man vor den Wasserschächten, die zu den Turbinen hinunterleiten, große Rechen angebracht, die dieses Anschwemmgut auffangen.

Es muß weggebracht werden, damit es verbrannt oder sonstwie beseitigt werden kann. Man kann sich die Menge, die da jeden Tag aus der Donau gefischt wird, gar nicht groß genug vorstellen. Allein im Kraftwerk Wallsee-Mitterkirchen benötigt man jahraus, jahrein tausend Lastautofuhren – ungefähr drei pro Tag –, um dieses Zeug, das die Menschen achtlos in die Donau werfen, abzutransportieren.

Früher, ehe es die Staustufen gab, ist dieser »Zivilisationsmüll« immer weitergeschwommen und hat die Donaulandschaft in höchstem Maß verunziert.

Alle jene, die meinen, der Ausbau der Donau habe die Umwelt verändert, haben grundsätzlich recht. Man muß freilich ergänzen – und das ist wohl das wichtigste –, daß sie zwar ein wenig anders, dafür aber genauso schön, genauso reizvoll und genauso lebendig geblieben ist, wie sie vorher als Gebirgsfluß war.

Von den Vorteilen, die der Ausbau mit sich brachte, wollen wir nicht noch einmal reden . . .

Oben: Sportbootfahrer an der Warteländе im Schleusenbereich des Donaukraftwerkes Altenwörth in Niederösterreich. Um die Schleusung rationeller zu gestalten, werden diese Privatboote mit den großen Schiffsverbänden gemeinsam mitgeschleust.
Unten: Luftaufnahme des ersten österreichischen Donaukraftwerkes Ybbs-Persenbeug. Mit seiner Errichtung (1954–1959) begann der Ausbau der Donau zur modernen Kraft-Wasser-Straße.

Im Uferbereich von Siedlungsgebieten wird auf Ruhezonen großer Wert gelegt: stille Uferpromenade im Stauraum Ybbs-Persenbeug.

Groß ist das Interesse in- und ausländischer Touristen an der schönen Landschaft am Strom. Das »Flaggschiff« der österreichischen Donau-Dampfschiffahrtsgesellschaft (DDSG) »Theodor Körner« legt bei der Stadt Grein in Oberösterreich an.

Früher gefürchtetes Schiffahrtshindernis, heute Aussichtsplatz für Spaziergänger: Reste des ehemaligen »Schwalleckfelsens« mit dem sogenannten »Halterkreuz« bei Grein.

Oben: Über Veranlassung von Gemeinden oder Grundbesitzern entstehen da und dort in einigen Abschnitten des rund 350 Kilometer langen Stromverlaufes auch saubere Campingplätze: für die »rollenden« Naturgenießer.
Unten: Die weitestgehende Hochwassersicherheit, die im Zuge der Kraftwerkserrichtung erreicht wird, gibt den Anrainern ein ruhigeres Lebensgefühl.

Seglerfreude in sonnigem Gewässer. Idylle im Stauraum Ybbs-Persenbeug.

Auch dieser malerische Winkel ist von den Kraftwerkserbauern an der Donau geschaffen worden: Fischteich im Stauraum Altenwörth, Niederösterreich.

Gesunde Au – auch nach dem Stau. Bewässerungsbauwerke sichern den Grundwasserhaushalt und die periodische Überflutung des Auwaldes.

XIII. Ein technischer Streifzug von Aschach bis Hainburg

Machen wir nun, da wir alle Gesichtspunkte kennen, die sich beim Ausbau der Donau ergeben haben, einen kleinen technischen Streifzug von Aschach bis Greifenstein und lernen wir die Besonderheiten eines jeden der sieben Kraftwerke kennen:

Aschach

Dieses Kraftwerk, das zweite nach Ybbs-Persenbeug, staut die Donau 15,0 m hoch auf. Es wurde von 1959 bis 1964 erbaut, seine Maschinenleistung beträgt 286 000 Kilowatt, sein durchschnittliches jährliches Arbeitsvermögen 1648 Millionen Kilowattstunden. Der Strom wird in vier Maschinensätzen erzeugt, es sind Kaplan-Turbinen, die noch mit senkrechter Welle ausgeführt worden sind.

Erst nach genauem Studium aller Möglichkeiten ist das Projekt ausgewählt worden. Die verhältnismäßig breite Niederung am rechten Ufer bot ausreichende Möglichkeiten, um rasch und verhältnismäßig einfach die Schleusenanlagen zu errichten. Auf dem gleichen Gelände am rechten Ufer – es liegt rund zehn Meter über der Katastrophenhochwassermarke – wurden die Betriebsanlagen, die Freiluft-Schaltanlagen, Montage- und Werkstättenanlagen gebaut. Stromseits schließt sich an das Schleusenhaus das Krafthaus mit den schon erwähnten vier Maschinensätzen an. Die Verbindung zum linken Donauufer stellt eine 156 Meter breite Wehranlage her, die aus fünf Wehrfeldern besteht. Jedes Wehrfeld ist 24 Meter breit. Über die ganze Anlage führt eine Kranbrücke für einen Portalkran, der 220 Tonnen heben kann. Er dient zum Ein- und Ausbau schwerer Maschinenteile.

Die vier Turbinen haben nicht die gleiche Drehrichtung. Sie sind vielmehr abwechselnd links- und rechtsdrehend. Diese Anordnung hat es ermöglicht, daß man je zwei Aggregate in einem Bedienungsstand zusammenfassen kann. Die Turbinen verarbeiten mehr als 2000 Kubikmeter Wasser pro Sekunde. Nur an sechzig Tagen im Jahr muß überschüssiges Wasser ungenützt durch die Wehranlagen ablaufen, alle übrige Zeit »schluckt« die Turbinenanlage das Donauwasser, was einer 95prozentigen Auslastung entspricht. Mit seiner Leistung von 286000 Kilowatt im Durchschnitts-(Regel-)Jahr gehört Aschach zu den ganz großen Flußkraftwerken Mitteleuropas.

Die Schleusen sind wegen der großen Stauhöhe des Kraftwerkes besonders imposant. Sie müssen bei jeder Füllung bzw. Entleerung 88000 bis 110000 Kubikmeter Wasser aufnehmen oder abgeben, eine ungeheure Menge, die noch dazu in kürzester Zeit umgewälzt werden muß. Man wollte und mußte unerwünschte Wellen- und Schwallerscheinungen vermeiden – das war nur möglich, indem man die Wasserentnahme für die Schleusenfüllung direkt aus dem Stauraum vornahm. Ein eigenes Füllungs-Pumpbauwerk wurde errichtet, das das Wasser durch zahlreiche »Füllungsschlitze« in die Kammern pumpt.

Der Stauraum reicht mit seinem Rückstau von 40 Kilometern bis zur nächsten Staustufe, bis zum bayerisch-österreichischen Gemeinschaftskraftwerk Jochenstein. Der Aufstau von Aschach hat der Schiffahrt große Vorteile gebracht, das Stauwasser hat viele Sandbänke und Klippen überstaut, insbesondere in der malerischen »Schlögener Schlinge«. An Stelle des »Schlögener Haufens«, der früher einmal die Schiffe zu komplizierten Manövern zwang, trat ein 1200 Meter langes Schiffsleitwerk, das eine zügige Fortbewegung ermöglicht.

Alle Ortschaften am Ufer sind nun hochwassergeschützt. Die Aufschüttung betrug im Durchschnitt einen Meter. Der Schwerpunkt der Aufschüttungsarbeiten war in der tiefgelegenen Ortschaft Untermühl, die – hätte man sie nicht geschützt – acht Meter unter dem Stauspiegel zu liegen gekommen wäre. Von 43 gefährdeten Häusern wurden 18 vollkommen angekauft und von den Besitzern neu errichtet. Für 25 Familien wurden Ersatzhäuser auf Anhöhen gebaut. Zwei neue Brücken sichern und verbessern den Verkehr zwischen den Donauufern.

Eine Besonderheit von Aschach: Der Aufstau hat die Leistung des stromauf gelegenen Kraftwerks Jochenstein vermindert. Jochenstein erzeugt um ungefähr 93 Millionen Kilowattstunden weniger als früher. Dieser Ausfall muß von den Donaukraftwerken rückvergütet werden.

Ottensheim-Wilhering

Das Kraftwerk, das sich stromab an Aschach anschließt, staut die Donau 9,1 m hoch auf. Es wurde in den Jahren 1970 bis 1974 erbaut, seine Maschinenleistung beträgt 179000 Kilowatt, sein Regelarbeitsvermögen wird mit 1143 Millionen Kilowattstunden angegeben. Es verfügt über neun Hauptmaschinensätze, die bereits Kaplan-Turbinen mit waagrechter Welle (»Rohrturbinen«) aufweisen.

Das Kraftwerk ist im Trockenen, an einem großen Donaudurchstich im rechtsufrigen Augebiet, gebaut worden. Das Hauptwerk ist außerordentlich baugünstig in einer einzigen Baugrube, ohne Behinderung durch den Donaustrom, errichtet worden. Der neue Durchstich hat auf eine Länge von drei Kilometern den Flußlauf vollkommen neu verlegt. Man hat dabei besonders berücksichtigt, daß die anliegende Aulandschaft genügend – aber auch wieder nicht zuviel – Hochwasser erhält, und es scheint nun, nach etwa zehn Jahren Erfahrung, daß man das richtig getroffen hat.

Die Kaplan-Turbinen haben einen Laufraddurchmesser von 5,60 Metern. Dadurch, daß die Wellen der Turbinen waagrecht angeordnet wurden, ergab sich eine äußerst niedrig bemessene Bauweise des Kraftwerks.

Der Stauraum erstreckt sich rund 16 Kilometer weit stromauf bis zur oberhalb liegenden Stufe Aschach. Es war notwendig, weitläufige Schutzdämme in den Auwäldern zu bauen, die bis zur Brücke bei Aschach reichen. Im Bereich des Hauptbauwerks sind diese Dämme sechs bis sieben Meter hoch. Die Dämme sind so berechnet, daß eine Gefährdung durch Hochwasser in dieser Region beendet ist. Sie hatte stets besonders darunter gelitten.

In den Auen aber wurden Überströmstrecken geschaffen, die Hochwasser einfließen lassen, sodaß die Landschaft nächst Eferding und Feldkirchen erhalten geblieben ist.

Ein besonderes Problem ergab sich bei der Einmündung des Nebenflusses Aschach. Der Bach mußte auf eine längere Strecke neu gefaßt werden. Er mündet jetzt unterhalb der Staumauer in die Donau.

Die Auen beiderseits der Donau wurden vor dem Kraftwerksbau durch verschiedene Arme entwässert. Diese Entwässerung wäre nun, nach dem wasserundurchlässigen Dammbau, nicht mehr möglich gewesen. Als Ersatz dafür wurden mehrere Altarme und Wasserläufe miteinander vereinigt und in einem Umleitungsgerinne in die Donau geleitet.

Abwinden-Asten

Dieses unterhalb von Linz gelegene Werk staut die Donau ungefähr acht Meter auf und erzielt damit eine Regelarbeitsleistung von 1028 Millionen Kilowattstunden. Die Maschinenleistung beträgt 168000 Kilowatt. Das Kraftwerk wurde von 1976 bis 1979 erbaut. Es besitzt neun Hauptmaschinensätze mit Rohrturbinen, also Kaplan-Turbinen mit waagrechter Welle.

Bei diesem Kraftwerk mußte das Donaubett unterhalb der Staumauer eingetieft werden. Man hat damit eine günstigere Schiffahrtsrinne erreicht – sie ergab erst nach der Eintiefung einen lückenlosen Übergang in den Stau von Wallsee-Mitterkirchen –, zum anderen aber ist auch die Fallhöhe des Kraftwerks erhöht worden.

Die Aushubarbeiten waren hier bemerkenswert hoch: Insgesamt wurden 7,5 Millionen Kubikmeter Erdreich bewegt; demgegenüber wurden 850000 Kubikmeter Beton eingebracht.

Der Stauraum von Abwinden-Asten, der bis in den Raum der Großstadt Linz reicht, mußte mit außergewöhnlich hohen Mitteln seinen Aufgaben angepaßt werden; es war der teuerste der bisher angelegten Stauräume. In Linz wurde die neue Abwasserkläranlage in den Stauraum eingebunden, die Industrie- und Hafenanlagen erforderten gleichfalls große und teure Arbeiten.

Hunderttausende von Kubikmetern an groben Steinen, an Dichtungen und diversen anderen Dichtungsmaterialien wurden aufgewendet. Der Rückstau reicht bis zum Kraftwerk Ottensheim-Wilhering.

Die Einmündung des großen Nebenflusses Traun ergab neue Probleme. Man entschloß sich, die Traun in den Stauraum münden zu lassen, was auch an diesem Fluß Rückstauarbeiten nötig machte. An den Traunufern mußten daher gleichfalls Rückstaudämme gebaut werden, andererseits aber wird dadurch auch das Traunwasser im Kraftwerk Abwinden-Asten abgearbeitet. Außerdem ist nun die Traun, was für die VÖEST wichtig gewesen ist, auf dem Wasserweg mit Schleppkähnen erreichbar. Das neugewonnene, nunmehr hochwassersichere Gebiet zwischen Donau und Traunmündung ist für den Ausbau des Industrieriesen VÖEST-Alpine höchst geeignet gewesen und wird seither auch zur Errichtung neuer Fabriksbauten genützt.

Wallsee-Mitterkirchen

Dieses große Kraftwerk ist von 1965 bis 1968 errichtet worden und bringt bei einer Strom-Fallhöhe von 9,6 Metern eine Arbeitsleistung von 1320 Millionen Kilowattstunden ein. Die sechs Hauptmaschinensätze haben eine Leistung von 210000 Kilowatt. In Wallsee sind noch Kaplanturbinen mit senkrechter Welle eingebaut worden.

Das Kraftwerk ist genau in der Anschlußstelle an den Stau von Ybbs-Persenbeug bzw. – stromauf – an das Kraftwerk Abwinden-Asten errichtet worden. Die gesamte, sehr flache und sich der Umgebung hervorragend anpassende Werksanlage wurde in einem Niederungsbereich der Donau erbaut, der vordem, je nach dem Wasserstand, überflutet war. Da gefordert werden mußte, die Überflutung dieses Raumes beizubehalten, waren komplizierte und zeitraubende Versuche notwendig. Die mathematische Berechnung konnte die entstehenden Fragen nicht lösen. Die Erbauer schufen ein eigenes Hochwassermodell, eine Art von Kanal, in dem die Wirkung des Hochwassers im Kleinen studiert werden konnte.

Der Baugrund bestand aus Schlier, der bei der Austrocknung rasch zerfiel. Es war sehr schwierig, die Festigkeit der Pfeiler und Wände zu sichern. Man arbeitete mit Spritzbeton, der als Schutzschicht diente.

Die Generatoren der Turbinenanlage werden durch ein neues, in Österreich erfundenes Verfahren gekühlt, das – vereinfacht ausgedrückt – auf der Kältewirkung bei einem Verdunstungsvorgang beruht. Die Abwärme der Generatoren wiederum wird, gleichfalls nach einem in Österreich entwickelten Verfahren, zur Beheizung der Betriebsgebäude verwendet.

Der Rückstau ist 24 Kilometer lang. Nach etwa acht Kilometern wurden auf zwei Kilometer Überströmstrecken ausgebaut. Hier sind die Dämme bewußt niedriger, sodaß Hochwasser in die Auen einströmen kann. Das dadurch die Landschaft durchströmende Wasser mündet erst wieder unterhalb des Staudamms in den Strom.

Ybbs-Persenbeug

Über diese Anlage, die erste an der österreichischen Donau, ist schon mehrfach in anderen Abschnitten dieses Buches die Rede gewesen. Es seien die Daten wiederholt: Erbaut von 1954 bis 1959, mit einer Aufstauhöhe von 10,6 Metern. Die sechs Turbinen (drei im Nord-, drei im Südkraftwerk) leisten 200000 Kilowatt, das Regelarbeitsvermögen ist mit 1282 Millionen Kilowatt berechnet worden. Über die ganze Anlage führt eine neue, 530 Meter lange Straßenbrücke. Oberhalb des Kraftwerks ist ein Betriebshafen der Donaukraftwerke errichtet worden, in dem die Eisbrecher, Bagger und Schwimmkräne der Donaukraftwerke vor Anker liegen.

Die Leistung der Schleusenanlage ist so groß bemessen worden, daß sie auch noch heute das Vielfache des derzeitigen Donauschiffsverkehrs bewältigen kann, was für den Weitblick ihrer Konstrukteure aus den Jahren gleich nach 1945 spricht.

Die Schiffahrtsverhältnisse in dem engen Donautal sind durch den Aufstau, der den ganzen Strudengau beeinflußt hat, günstig verändert. Man kann sagen, daß seither das gefürchtete Hindernis »Struden« nicht mehr existiert, wozu auch einige Sprengungen beigetragen haben. Am Ende des Rückstaus durchfließt der Strom die weiten Felder des Machlandes. Diese Gebiete werden durch Pumpwerke vor den Auswirkungen des Aufstaus geschützt. Der Grundwasserspiegel wird durch diese Pumpen so geregelt, wie ihn die Landwirtschaft braucht. Daß das Landschaftsbild des Donautales durch den Kraftwerksbau keineswegs verloren hat, beweist die ständig steigende Zahl von Ausflüglern und Touristen, die diesen Teil des Donautals besuchen.

Melk

Dieses Kraftwerk, das im Jahr 1982 seinen vollen Betrieb aufnahm, wurde in erstaunlich kurzer Zeit fertiggestellt. Die hochwassersichere Baugrubenumschließung hat die termingerechte Durchführung aller Arbeiten garantiert. Die Stauhöhe des Kraftwerkdammes beträgt 8,3 Meter. Die neun Turbinen, von denen die ersten Aggregate bereits am 1. März 1982 ihren Betrieb aufnahmen, leisten 187000 Kilowatt, das Regelarbeitsvermögen beträgt 1180 Millionen Kilowattstunden. Die endgültige Flutung der großen Baugrube ist schon vorher, im August 1981, möglich gewesen.

Im Rückstau, in dessen Bereich die Stadt Pöchlarn und die Gemeinden Marbach und Klein-Pöchlarn liegen, gab es im Jahr 1981 zwei schwere Hochwasser, die die Regulierungs- und Sicherungsarbeiten an den neu zu errichtenden, zu bepflanzenden und zu erhöhenden Uferpromenaden und ähnlichen Bauwerken stark behinderten. Dennoch wurden alle Termine eingehalten, und die Orte selbst blieben erstmals von den Wassermassen verschont.

Eine Benachteiligung des einzigartigen Anblicks des Stiftes Melk von der Donau aus, den viele Landschaftsschützer befürchtet hatten, ist ganz zweifelsfrei nicht erfolgt.

Weil auch befürchtet worden war, Feuchtigkeit, die von der großen Wasserfläche des Stausees ausgeht, könne dem Mauerwerk des Stifts Schaden zufügen, hat man auch in dieser Hinsicht langwierige Untersuchungen durchgeführt. Das Ergebnis ist positiv: Dem Bauwerk entsteht kein Schaden.

Vier Pumpwerke entlang des Stausees regeln die Grundwasserzu- und -abfuhr in den Ufergemeinden. Der Hochwassergefahr ist in allen Orten ein Ende gesetzt, die Landschaft zwischen Melk und Persenbeug, durch den schon die Nibelungen zu König Etzel zogen, ist genauso schön und wirkt genauso naturbelassen wie vor dem Werksbau.

Altenwörth

Dieses im flachen Tullnerfeld errichtete Kraftwerk arbeitet eine Fallhöhe von 14 Metern ab und ist mit einer Maschinenleistung von 335 000 Kilowatt das bisher stärkste Werk; es soll dereinst nur von Hainburg übertroffen werden. Es wurden neun Kaplan-Turbinen mit waagrechter Welle eingebaut, das Regelarbeitsvermögen beträgt 1,950 Millionen Kilowattstunden.

Die Staustufe reicht 34 Kilometer weit stromauf und endet in der Nähe von Rossatz, wo in fernerer Zukunft das Wachau-Kraftwerk Rossatz-Rührsdorf entstehen soll, wenn einmal alle Umweltfragen restlos geklärt sind.

Das flache Gelände im unteren Teil des Stauraums erforderte die Errichtung von Staudämmen an beiden Ufern. Besonders berücksichtigt mußte dabei die Stadt Krems werden, deren markantes und vertrautes Stadtbild nicht unter Hochwasserschutzdämmen leiden durfte. Es ist zweifellos gelungen, der Stadt nicht nur keinen Schaden zuzufügen, sondern ihr neue

Promenaden am Donauufer, einen leistungsfähigeren Hafen und diverse Sporteinrichtungen zur Verfügung zu stellen. Durch die überlegte Anlage von Überströmdämmen wird die Aulandschaft an beiden Ufern, so wie auch schon vor dem Kraftwerksbau, durch Hochwässer überflutet, während die Orte verschont bleiben.

Eine besondere Aufgabe war es, den großen Nebenfluß der Donau, die Traisen, in das neue Kraftwerkssystem von Altenwörth einzuordnen. Man hat sich entschlossen, den Fluß erst unerhalb des Kraftwerks einmünden zu lassen, um ihn – der sich vor seiner Mündung allzu stark aufgestaut hätte – nicht durch Dämme einzuengen. Es entstand ein neues, ziemlich langes Flußbett, das begrünt und bepflanzt wurde. An der alten Einmündung der Traisen – jetzt ein Totarm – entstand ein Bootshafen und eine Kolonie von Freizeithäusern, auch gibt es Bademöglichkeit für jedermann.

In den im Stauraum liegenden Orten wurden überdies, um die Wasserqualität der Donau zu verbessern, neue Abwasserkläranlagen errichtet, so etwa in Rohrendorf bei Krems und in Dürnstein.

Greifenstein

Am 1. November 1981 wurde mit dem Bau des Kraftwerks Greifenstein in den Auen zwischen Korneuburg und Stockerau begonnen. Die Maschinen des Kraftwerks werden ab 1984 – also nach nur dreißig Monaten Bauzeit – 298 000 Kilowatt leisten. Das Regelarbeitsvermögen ist mit 1720 Millionen Kilowatt berechnet worden.

Auch dieses Kraftwerk wird im Flachland errichtet. Sein Rückstau wird Tulln erreichen und bis nach Altenwörth reichen.

Da es sich durchwegs um Auland handelt, werden auch hier wieder sorgfältige Berechnungen von Überströmstrecken das natürliche Leben der Donaulandschaft garantieren, das gerade hier besonders urtümlich ist. Die große Kraftwerksbaugrube – derzeit freilich eine »Narbe« im Grün der Auen, besieht man sie von der Höhe der Burg Greifenstein aus – wird durch die schon erwähnte Rekordbauzeit sehr bald wieder soweit als nur möglich in Auland zurückverwandelt werden.

Im Bereich der Stadt Tulln sind, ähnlich wie auch in Krems, vielfältige Arbeiten notwendig. So etwa muß die kombinierte

Eisenbahn-Auto-Brücke um über zwei Meter gehoben werden, damit sie bei höherem Wasserstand, wie er sich aus dem Aufstau ergeben kann, nicht gefährdet ist. Diese Arbeit wird innerhalb von wenigen Tagen durchgeführt werden können.

Hainburg

Sowie das Kraftwerk Greifenstein seiner Fertigstellung entgegengeht – also im Jahr 1984 –, muß mit den Bauarbeiten am Werk bei Hainburg begonnen werden. So sieht es das Ausbauprogramm der österreichischen Elektrizitätswirtschaft vor. Es geht nun für die Bauleitung darum, den geologisch günstigsten Standort auszumachen. Einige Gruppen von Umweltschützern fordern, daß der einzigartigen, urtümlichen Au zwischen Donau und March der geringstmögliche Schaden zuzufügen sei. Das Problem wird und muß leidenschaftslos durchdiskutiert werden. Kein einziger Kraftwerkbauer will die Landschaft »ruinieren« oder gar »schänden«, wie man zuweilen lesen konnte.

Die um die Erhaltung der Landschaft besorgten Mitbürger – auch ihnen muß echtes Interesse und Sachverstand zuerkannt werden – sollten die Kraftwerksanlagen an der oberen Donau Österreichs mit den umfangreichen, nur für die Verschönerung der Umwelt und die Erhaltung der Natur geschaffenen Anlagen besichtigen – und sie können danach eigentlich nur beruhigt sein, wenn sie die Errichtung des Kraftwerks Hainburg durchdiskutieren.

Es gibt derzeit drei mögliche Varianten, eine liegt stromab von Hainburg, die beiden anderen oberhalb der schönen alten Donaustadt mit ihrer Burg und ihrer reizvollen Bergumrahmung. Daß es ohne eine vorübergehende Abhaltung von Auwald nicht gehen wird, ist wohl jedem klar; daß man aber schon ein Jahrfünft nach Beendigung der Bauarbeiten von den Schlägerungen kaum noch etwas sehen wird, das sollte nach der erfolgreichen Naturschutzarbeit bei sieben Kraftwerken nun doch allmählich jedermann einsehen.

Das Kraftwerk Hainburg ist für ein Jahresarbeitsvermögen von über 2,1 Milliarden Kilowattstunden berechnet worden, es wird damit das größte in der Kette der Donaukraftwerke sein. Sein Stauraum reicht bis nach Wien und soll dort an die Mauer des nächsten Kraftwerks anschließen.

STUFENPLAN DER OESTERR. DONAUKRAFTWERKE AG

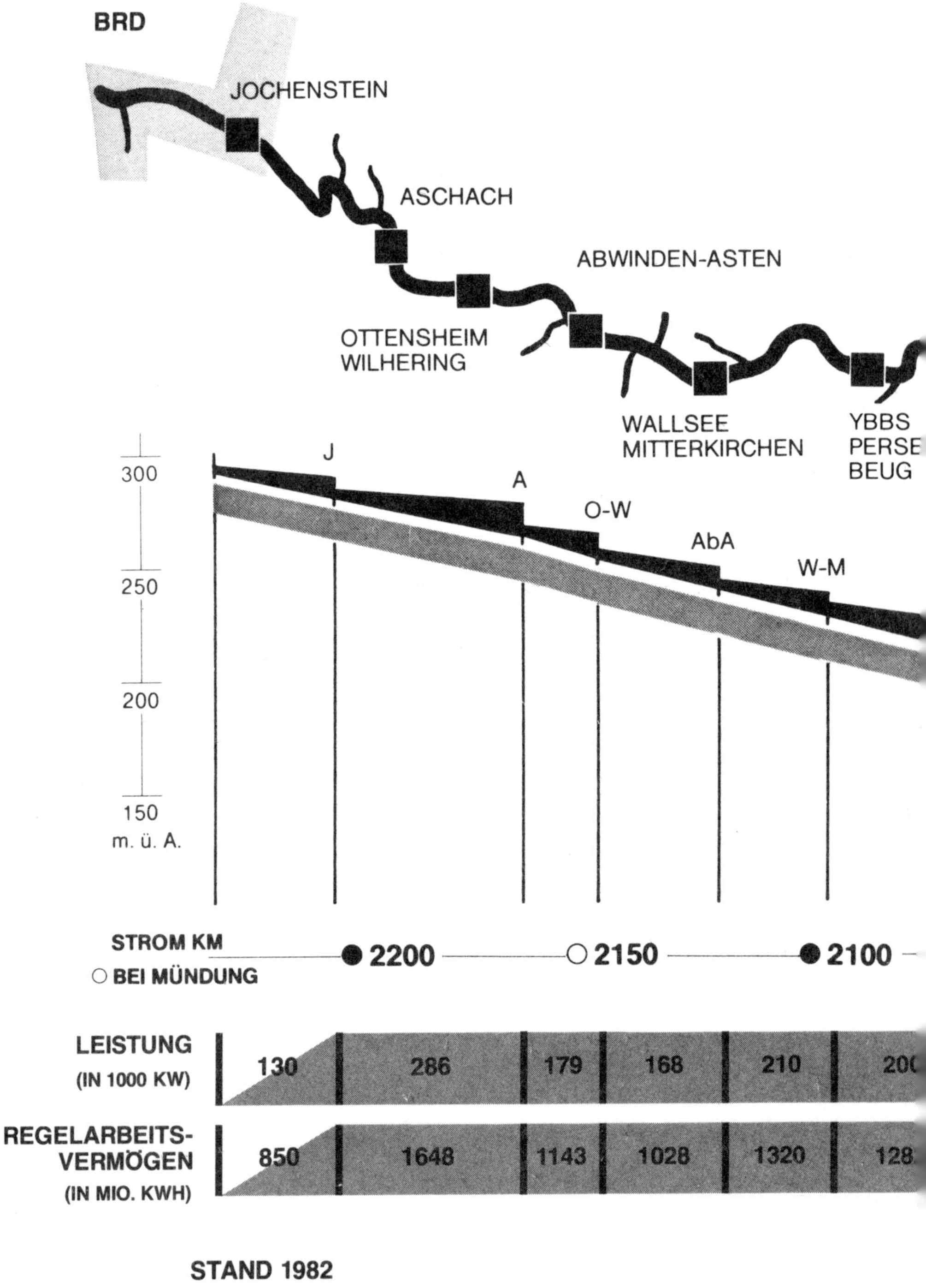

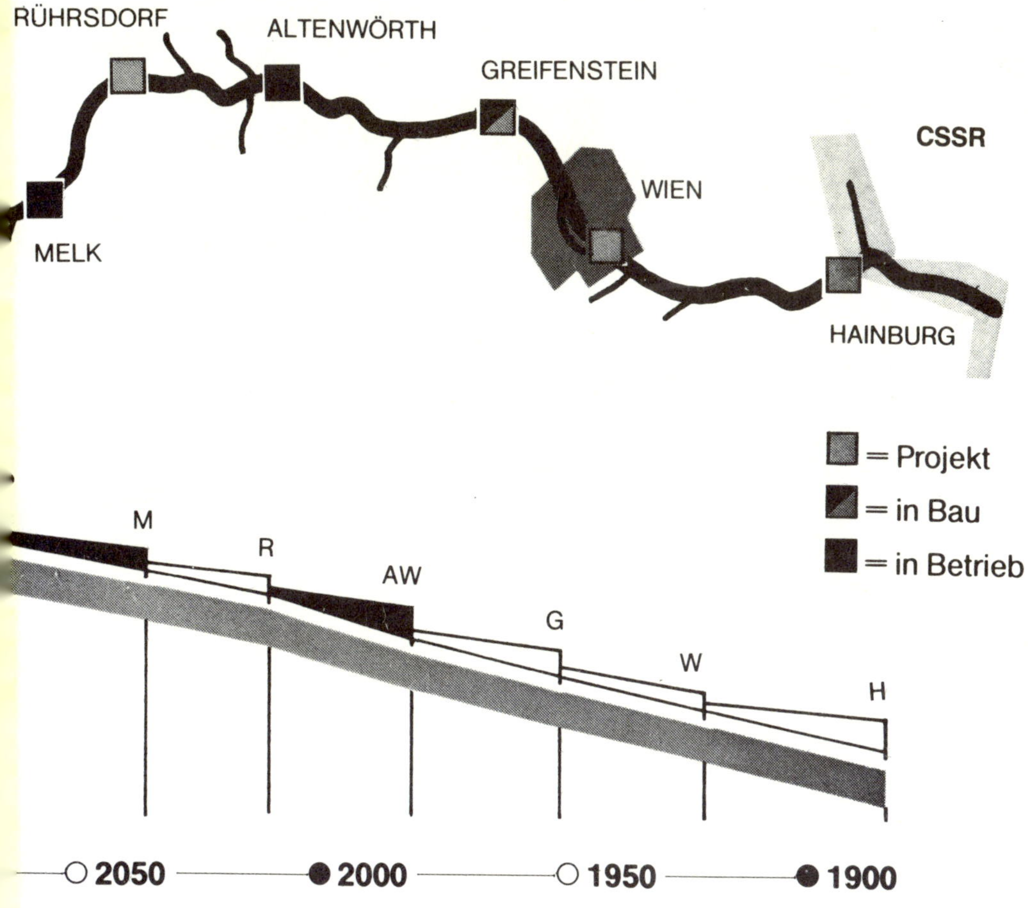

						SUMME
187	150	335	293	141	366	2580*
1180	800	1950	1720	907	2136	15539*

* MIT 1/2 ANTEIL VON JOCHENSTEIN

Leistungen für den Naturschutz

Im Bereich des Kraftwerks Wallsee-Mitterkirchen wurden 42 Hektar Auland mit 74 000 Pflanzen im Wert von 1,073 Millionen Schilling neu bepflanzt, im Raum Ottensheim-Wilhering 40 Hektar mit 107 000 Pflanzen (rd. 2 Millionen Schilling), in Altenwörth 38 Hektar mit 66 000 Pflanzen (1,15 Millionen Schilling), in Abwinden-Asten 33 Hektar mit 98 000 Pflanzen (720 000 Schilling).

An Jungfischen wurden in die diversen Stauräume insgesamt 720 000 Stück verschiedenster Arten ausgesetzt, wobei man auf neue, an langsam fließendes Gewässer gewohnte Fische Bedacht nahm. Zander und Maränen wurden besonders zahlreich ausgesetzt. Der Kaufwert der Fische beträgt rund 2,3 Millionen Schilling.

XIV. Die Zukunft meistern – mit Donaustrom

Viele Menschen glauben, daß früher einmal, in irgendwelchen guten alten Zeiten, alles besser gewesen sei. Damals, in dieser ganz unbestimmten Vergangenheit, hätten, so sagen sie, die Menschen gesünder, fröhlicher, sorgloser gelebt, als wir Heutigen es tun. Damals, so sagen sie, habe man keine Energie- und Umweltprobleme gekannt, damals sei man in seinen bescheidenen vier Wänden zufriedener gewesen, als wir es heute mit all unserem Maschinenpark daheim und um uns sein könnten.

Daß die alten Zeiten gut waren, ist längst widerlegt. Eine Handvoll sehr reicher Leute lebte gut und konnte jene »sorglose, heitere Lebensart« verwirklichen, von der wir alle träumen. Für die Millionen von »Untertanen« aber war das Leben immer hart. Nur daß alles einstens viel mühevoller war, daß überall Krankheit, Elend und früher Tod lauerten, daß jede Tätigkeit – ohne Strom, ohne Maschinen, nur mit Handarbeit! – ungleich anstrengender, mühevoller und zeitraubender war. Daß man bei einer 60- oder 72-Stunden-Woche wenig Lust auf jene Freizeitvergnügungen hatte, die wir heute selbstverständlich konsumieren, leuchtet auch ein.

Wir sollten nur einmal den elektrischen Strom – um nur eine von vielen Errungenschaften zu erwähnen – wegdenken: Wie würde dann unser Leben aussehen! Es würde (und das merkt man so richtig, wenn es einmal einen großen »Netzzusammenbruch« gibt) zusammenbrechen, nichts würde mehr funktionieren.

Und da kommen wir gleich zu einer anderen Weisheit: Es ist unmöglich, die Geschichte zurückzudrehen und uns in einen Zustand zu versetzen, wie er vor sagen wir achtzig Jahren gewesen ist. Man gewöhnt sich zwar in wenigen Jahren beispielsweise rasch an das Farbfernsehen, aber eine Welt ohne TV, ohne Waschmaschinen und Kühlschränke, ohne den Schalter an der Wand, den man nur umzudrehen braucht – und schon wird es Licht! –, eine solche Welt ist unvorstellbar geworden, und es wird wohl keinen Menschen geben, der sich nach solch einer »guten, alten Zeit« sehnt.

Bekennen wir uns also offen zu dem technischen Zustand, wie ihn unsere Welt von heute verkörpert. Man darf freilich nicht, wie das noch unsere Väter in den fünfziger Jahren getan haben, von dieser Technik alles Heil der Menschheit erwarten. Aber es wäre genauso rückständig und unrichtig, wollte man nun, weil die Atomphysiker die Atombombe erfunden haben, alles und jedes verdammen.

Die Techniker und Ingenieure haben ihrerseits seit dem Ende des Zweiten Weltkriegs ungemein viel gelernt. Sie wissen heute um die Gefahren, die unserer Welt drohen. Für sie ist das Schreckensbild einer zerstörten Umwelt längst kein leeres Schlagwort mehr. Anzunehmen, daß sie noch immer ohne jede Rücksicht, blind wie Maulwürfe, dahinarbeiten, wäre grundfalsch.

Natürlich schadet es den großen Planern durchaus nicht, wenn sie immer wieder eingebremst und zum Überlegen gezwungen werden: So bildet sich jenes gesunde Gleichgewicht zwischen Fortschritt und Fortschrittsgefahr heraus, das die Menschheit benötigt. Denn, wir sagten es schon, zurück geht es nicht mehr. Mit Kienspan und »schwarzer Kuchl« will es niemand mehr versuchen.

Die Kette der Donaukraftwerke mit ihren vielfachen Aufgaben ist ein klassisches Beispiel dafür geworden, daß die technischen Großleistungen unserer Zeit durchaus zweierlei erreichen können:

Zum einen den Menschen von heute all das zu sichern, was zu unserem Leben gehört.

Zum anderen aber auch mit und durch die Bauten am Strom eine Umwelt zu schaffen, die zumindest genauso schön, gesund und natürlich ist wie jene vor dem Kraftwerksbau.

Die Vorteile der Kraftwerkskette liegen klar vor uns. Fassen wir sie einmal, nach allem, was wir gehört haben, zusammen:

Da ist einmal der Verkehr auf dem Strom. Ihm gehört, vor allem, wenn die Verbindung zur Nordsee hergestellt sein wird, ein wesentlicher Teil der Zukunft. Massengüter, ohne die unsere Schwerindustrie nicht arbeiten kann, können vorteilhafter nur über den Strom herangeschafft werden. Erst der Ausbau der Staustufen und die damit verbundene Beseitigung der Hindernisse im Donaustrom geben Österreich das Recht zu sagen, daß wir alles dazu beigetragen haben, um die Verkehrsverhältnisse in Europa zu verbessern. Und daß wir jene Zusage einhalten, die wir vor der Donaukommission geleistet haben: die Donau für den modernen Schleppverkehr, versinnbildlicht durch den »Europakahn«, auszubauen.

Die Elektrizitätswirtschaft ist ohne die Donaukraftwerke nicht mehr denkbar. Auch wenn der Bedarf nicht – oder nur geringer, als angenommen – steigen sollte, was derzeit niemand mit Sicherheit sagen kann, geht es ohne den Donau-Strom, den Strom aus dem Strom, nicht mehr. Er ist die Basis und die Lebensader unseres Stromverbundnetzes. Wer der Meinung ist, es sei nicht notwendig, am Strom weiterzubauen, der überlege einmal, was das eingeführte Erdöl, was die importierte Kohle für die Wärmekraftwerke kostet – und er wird gleich anders denken: Mehr Strom aus der Donau, das bedeutet Milliarden an Devisen einsparen. Das bedeutet mehr Unabhängigkeit von anderen Ländern, die uns mit Energieträgern beliefern und auf diese Weise Einfluß auf unsere Wirtschaft nehmen können, und das bedeutet weniger Luftverpestung durch Abgase einer Heizanlage.

Daß in einer Zeit, da um jeden Arbeitsplatz gerungen wird, die Bauten am Strom wertvolle Plätze sichern, sollte man ebenfalls nicht vergessen. Schließlich gibt es nicht nur die Techniker, Angestellten und Arbeiter in den Baugruben am Strom. Mit allen Zulieferern, die das verschiedenste Material zum Bau beitragen, beschäftigt ein Kraftwerksbau an die 6000 bis 8000 Menschen. Und das dreißig Monate lang. Und das mit der Gewißheit, daß am Ende der Arbeitszeit ein neues, gewaltigeres Kraftwerk wieder einen Stein zum großen Bauwerk der österreichischen Unabhängigkeit hinzufügen wird.

Selbst die radikalsten Umweltschützer müssen zugeben, daß sich die Landschaft an den Staustufen zwar verändert hat – aber durchaus nicht zum Schlechteren. Auch die eben erst fertiggestellten Werke werden mit so viel Einfühlung – um nicht zu sagen: Liebe – wieder in ihre Umwelt eingebettet, daß es vor allem die Unkenntnis dieser Umweltarbeiten zu sein scheint, die den Unmut einiger Gruppen hervorrufen. Die vielen Bilder in diesem Buch sprechen eine beredtere Sprache, als es Worte tun können.

Es gibt auch ganz kleine Gruppen, die aus persönlichen Motiven gegen den Kraftwerksbau sind. Man erlebt es ja immer wieder: Schlägt eine Stadt vor, man solle die Straße A für den Durchzugsverkehr freigeben, dann wehren sich die dort wohnenden Bürger und sagen, die Straße B sei weit geeigneter, worauf die B-Straßler kommen und nachweisen, daß die A-Straße hervorragend qualifiziert erscheine.

Mit solchen Leuten ist es schwer, sachlich zu debattieren. Ihnen geht es nicht um den Kraftwerksbau, sondern nur darum, das Kraftwerk nicht bei ihnen, in der Nähe ihres Besitztums, zu bauen. Man muß auch sie verstehen. Jeder Mensch hängt an dem, was er seit langem besitzt. Aber es gibt Projekte und Bauwerke, deren Bedeutung für die Allgemeinheit so groß ist, daß der einzelne nachgeben muß. Selbstverständlich nicht finanziell: Jeder, der durch den Kraftwerksbau Schaden erleidet, hat noch sein ihm zustehendes Geld bekommen, meistens sogar mehr. Oft genug aber informieren Leute, denen es nur um persönlichste Gründe geht, die Öffentlichkeit falsch. Da wird vom »Verwüsten der Landschaft« gesprochen, vom »rücksichtslosen Niederwalzen« von Badehütten, und niemand erfährt, daß etwa alle die Badehüttenbesitzer längst schon andere, ebenso gut geeignete Gründe erhalten haben, daß 70000 Bäume gepflanzt und Hunderttausende Fische ausgesetzt wurden. So einseitig geht es auch nicht.

Es geht – und damit wollen wir den Schlußstrich ziehen – um Bauten für die Zukunft unseres Landes. Sie sind notwendig, und sie müssen gebaut werden. Jeder Bürger soll streng darauf sehen, daß die Landschaft an unserem Donaustrom nicht verwüstet wird, das ist nicht nur unser Recht, sondern auch unsere Pflicht.

Es ist aber ebenso die Pflicht der jetzigen Generation, den Ausbau der Kraftwerksstufen zu vollenden. Die Donau war stets der Schicksalsstrom Österreichs. In Zukunft soll unser Schicksal auch mit Hilfe des Donau-Stroms gemeistert werden.